Saskia Rößner

Hamster

So geht es deinem Tier gut

Mit den wichtigsten **Dos** & **Don'ts**

KOSMOS

Inhalt

Die Reihe mit den Dos & Don'ts

Do!

Don't

→ **Auf einen Blick** Die Dos & Don'ts geben dir einen schnellen Überblick, um das Wesentliche auf den jeweiligen Seiten zu erfassen. Auch in den Umschlagklappen findest Du vorne alle wichtigen Dos und hinten alle Don'ts für deine Hamsterhaltung.

Hamster als Haustier

Für einen guten Start

So leben Hamster

Lebenserwartung

Hamster haben eine Lebenserwartung von circa zwei Jahren. Einzelne Tiere werden auch drei bis vier Jahre alt, doch das ist eher eine Seltenheit. Die geringe Lebensdauer hat Vor- und Nachteile: Einerseits ist es traurig, ein lieb gewonnenes Familienmitglied nach so kurzer Zeit wieder gehen lassen zu müssen. Andererseits sind Hamster damit ein sehr flexibles Haustier. Solltest du merken, dass ein Hamster doch nicht das richtige Haustier für dich ist, kannst du nach nur zwei statt zwanzig Jahren aus der Hamsterhaltung aussteigen. Da Hamster einzeln gehalten werden, gibt es nach ihrem Tod auch keine Partnertiere, um die du dich kümmern musst. Die meisten anderen Nagetiere oder Kaninchen leben in Gruppenhaltung. Bei ihnen steht in solchen Fällen die Suche nach einem neuen Artgenossen oder die Vermittlung des hinterbliebenen Tieres an.

Dieser Teddyhamstermann befindet sich mit 1,5 Jahren im besten Alter. Artgerechte Haltung und Ernährung tragen dazu bei, dass dein Hamster gesund alt wird.

Keramikverstecke bieten an heißen Sommertagen eine kühle Rückzugsmöglichkeit.

Die meisten Zwerghamster lassen sind auch tagsüber mal kurz im Gehege blicken.

Don't

Wenn du deinen Hamster unnötig weckst, kann er aggressiv oder krank werden. Lass ihn in Ruhe schlafen und akzeptiere seinen Rhythmus.

Biorhythmus

Hamster sind überwiegend dämmerungs- und nachtaktiv. Um wie viel Uhr ein Hamster aufsteht und wann er wieder schlafen geht, hängt von seinem individuellen Charakter ab. Auch die jeweilige Hamsterart hat einen Einfluss auf die Aktivitätszeiten. So lassen sich manche Zwerghamsterarten auch häufiger tagsüber blicken und beobachten. Goldhamster verschlafen hingegen den Großteil des Tages. Wie wir Menschen auch, möchte der Hamster natürlich nicht während seiner Schlafenszeiten geweckt werden. Daher ist ein Goldhamster vor allem für Menschen geeignet, die sich vorwiegend abends mit ihrem Haustier beschäftigen möchten. Der Biorhythmus kann sich bei manchen Hamstern mit den Jahreszeiten verschieben. An hellen und heißen Sommertagen kommen sie dann später aus ihrem Nest als im dunklen und kühlen Winter.

Temperatur

In der Wildnis leben Hamster in Bauten, die circa einen Meter tief unter der Erdoberfläche liegen. Dort bleibt die Temperatur das ganze Jahr über in etwa gleich. An heißen Sommertagen kommt der Hamster nur nachts nach oben. In der kalten Winterzeit hält er Winterruhe und lebt von seinen Futtervorräten. Gleichbleibende Temperaturen wünscht sich auch unser Heimtier-Hamster. Ein Zimmer im schlecht isolierten Dachgeschoss oder ein Raum ohne Heizung sind daher als Standorte für das Gehege ungeeignet. Wird es dem Hamster zu kalt, kann er in Winterruhe fallen. Da unsere Heimtier-Hamster jedoch nicht daran gewöhnt sind, kann das zu gesundheitlichen Problemen führen. Wird es dem Hamster dagegen zu heiß, droht ein Hitzschlag. Hamster können nicht schwitzen, um ihre Körpertemperatur zu regulieren. Am wohlsten fühlen sie sich bei 20 – 22 Grad Celsius.

Mein Tipp

An heißen Tagen sorgen Keramikverstecke oder Fliesen im Gehege für Kühlung.

Einzel- oder Gruppenhaltung?

Einzelhaltung erwünscht

Viele Kleintiere brauchen Artgenossen, um glücklich leben zu können. Kaninchen, Meerschweinchen und Mäuse sollten beispielsweise nicht allein leben müssen. Bei Hamstern ist das anders. In der Wildnis kommen die meisten Hamster nur zur Paarung und Jungenaufzucht zusammen. Vater und Jungtiere werden früher oder später von der Mutter aus dem Bau geworfen und vertrieben. Das ist der große Vorteil in der Natur: Die Tiere können sich dort jederzeit aus dem Weg gehen, wenn sie die Nase voneinander voll haben. Diese Möglichkeit fehlt in Gefangenschaft. In der Heimtierhaltung können Hamster bei Streitigkeiten nicht einfach ihre Koffer packen. Spätestens an der Gehegegrenze ist Schluss. Dann müssen die Hamster weiter miteinander leben, obwohl sie mit der Situation unglücklich sind.

Wer ist hier der Chef?

Wenn mehrere Hamster ihr Territorium miteinander teilen müssen, passiert oft Folgendes: Ein Hamster wird zum dominanten Tier, die anderen ordnen sich ihm unter. Das bedeutet für alle Stress, da der dominante Hamster seine Stellung verteidigen will und die rangniederen Hamster zurückstecken müssen. Das dominante Tier darf zum Beispiel zuerst ans Futter. Das führt dazu, dass es meist deutlich mehr Gewicht auf die Waage bringt als die anderen Hamster. Übergewicht ist auch für Hamster ungesund. Die gesamte Gruppe auf Diät zu setzen, ist jedoch eine schlechte Idee. Dann droht den unterwürfigen Tieren Mangelernährung. Die Hamster streiten sich nicht nur beim Fressen um das Futter, denn normalerweise legen Hamster Vorräte an. In der Natur gibt ihnen das die Sicherheit, den langen und kalten Winter zu überleben. Leben mehrere Hamster in einem Gehege, stehlen sie sich gegenseitig ihre Vorräte. Das ist ein endloses Spiel, das alle Hamster permanent stresst, weil ihnen die Sicherheit einer gut gefüllten Vorratskammer fehlt. Oft laufen Hamster in Gruppenhaltung ständig mit gefüllten Backentaschen umher.

Stress oft nicht sichtbar

Wenn Tiere sich streiten, beißen und anschreien, ist die Sache klar: Sie wollen nicht zusammenleben. Leider lassen sich Hamster häufig nicht anmerken, wenn es ihnen nicht gut geht. Hamster sind Fluchttiere und zeigen Stress- oder Krankheitszeichen erst im weit fortgeschrittenen Stadium. Wenn die Hamster

Do!

Hamster möchten allein leben.

Auch Campbell Zwerghamster sollten sicherheitshalber in Einzelhaltung leben.

unterschiedliches Körpergewicht haben oder ständig mit dicken Backen durchs Gehege laufen, ist das ein erster Hinweis auf Stress. Wie beim Menschen auch, kann Stress krank machen. Hamster-Pflegestellen nehmen regelmäßig Tiere aus misslungener Gruppenhaltung auf. Oft sind sie schlimm verletzt oder krank. Dann müssen nicht nur Bisswunden, sondern auch stressbedingte und versteckte Krankheiten, wie z. B. Pilzinfektionen, Parasiten, Bluthochdruck oder Verhaltensauffälligkeiten tierärztlich behandelt werden.

Sonderfall Campbell Zwerghamster

Im Internet heißt es manchmal, dass Campbell Zwerghamster die einzige soziale Hamsterart seien. Dass Campbells in der Natur ein Leben lang als Paar oder Familienverbund zusammenleben, kommt vor, ist aber selten. Auch hier wird der Nachwuchs früher oder später aus dem Bau vertrieben und muss sich ein eigenes Territorium suchen. In Gefangenschaft ist es ebenfalls selten, dass Campbells ein Leben lang harmonisch zusammenleben. Oft reichen schon Kleinigkeiten, damit sich die Hamster zerstreiten. Allein der Umzug in ein neues Gehege stellt ein großes Risiko für den Haussegen dar. Wenn dir also jemand eine Campbell-Gruppe verkaufen möchte, kann es sein, dass sie gleich anfangen zu streiten, sobald ihr zu Hause ankommt. Dann ist der Stress nicht nur bei den Hamstern groß, sondern auch bei dir.

Keine artreinen Campbells

Selbst wenn Campbells eine soziale Ader haben sollten: Es ist nicht so einfach, an artreine Campbells, Wildfänge oder Wildfangnachzuchten zu kommen. Um Inzucht zu vermeiden, kreuzen viele Zuchten ihre Tiere daher zu Hybriden (Mischung aus Campbells und Dsungaren). Insofern gibt es kaum artreine Campbells in Deutschland. Die Nachkommen sind campbellnahe Hybriden, bei denen unklar ist, ob oder wie viel sie von den sozialen Genen geerbt haben. Bei vermeintlichen Campbells, die über Kleinanzeigen oder den Zoofachhandel verkauft werden, handelt es sich daher meist um Hybriden. Auch im Tierschutz landen vor allem solche Tiere. Je nach Familiengeschichte sehen diese dann eher den Dsungaren oder den Campbells ähnlich. Der Unterschied ist oft nur schwer zu erkennen.

Widerspruch zur artgerechten Haltung

Campbells werden häufig in zu kleinen Gehegen gehalten. Das hat einen Grund: Je größer das Gehege ist, desto instabiler ist die Gruppe und es kommt zu Streitereien. Auf kleinem Raum sind die Tiere gezwungen, sich miteinander zu arrangieren, weil sie sich nicht aus dem Weg gehen können. Das bedeutet für die Tiere enormen Stress, kann aber auf den ersten Blick nach einer funktionierenden Gruppe aussehen. Artgerechte Gehege und Gruppenhaltung stehen also im Widerspruch zueinander. Setze daher lieber auf Einzelhaltung in einem artgerechten Gehege.

Passt ein Hamster zu dir?

Beobachtungstier

Wie alle Haustiere ist auch der Hamster ursprünglich ein Wildtier. Er gehört zur Familie der Wühler, lebt in unterirdischen Gängen und flüchtet bei Gefahr in seinen Bau. In freier Wildbahn sind Hamster Beutetiere, beispielsweise von Füchsen oder Greifvögeln. So mag es auch unser Heimtier-Hamster nicht besonders gerne, angefasst zu werden und reagiert häufig mit Flucht, wenn eine Hand überraschend von oben ins Gehege greift. Viele Hamster können im Laufe der Zeit mit Geduld recht zahm werden. Wie mit einem Hund zu kuscheln, ist mit einem Hamster jedoch nicht möglich. Selbst das Streicheln oder Hochnehmen empfinden Hamster zum Teil als unangenehm. Daher sind sie vor allem Beobachtungstiere, denen du hin und wieder ein Leckerchen geben kannst.

Allergien

Dass es Hunde- oder Katzenallergien gibt, ist weithin bekannt. Dass aber auch in der Hamsterhaltung allergische Reaktionen auftreten können, ist vielen nicht bewusst. Zwar können Menschen auch auf den Hamster selbst mit Unverträglichkeiten reagieren, das ist aber eher die Ausnahme. Viel häufiger kommt es vor, dass Streu oder Heu zu allergischen Symptomen führen. Das ist vor allem bei Personen der Fall, die an Heuschnupfen leiden. Leider gibt es hier wenig gute Alternativen, denn tiefe Einstreu ist für Hamster einer der wichtigsten Faktoren, damit sie sich in ihrem Zuhause wohlfühlen. Da Hamster als Wühler viel buddeln, geraten die Allergene in die Raumluft und können zu Atembeschwerden führen. Bei Kontakt mit dem Hamster, in dessen Fell ebenfalls Allergene hängen bleiben, kann es zu Rötungen und Juckreiz kommen. Ein Allergietest gegen Kleintiere und Pflanzenpollen kann im Vorfeld Klarheit verschaffen. Ein bioaktives Gehege mit Terrarienerde, Asseln und Springschwänzen ist allergiefreundlich, kann aber auch seine Tücken haben.

Urlaubsbetreuung

Hamster haben im Vergleich zu vielen anderen Haustieren einen eher geringen Pflegeaufwand. So kannst du ihn übers Wochenende auch mal allein zu Hause lassen, ohne eine Urlaubsbetreuung zu benötigen. Dein Hamster bekommt am Abreisetag eine extra Portion Futter und einen Napf mit ausreichend frischem Wasser. Dann kommt er problemlos ein paar Tage ohne Menschen zurecht. Anders sieht es bei längeren Abwesenheiten aus. Hier sollte mindestens zwei Mal pro Woche jemand vorbeikommen, der das Wasser wechselt und Futter nachfüllt. Den Hamster mitsamt Gehege in eine Urlaubsbetreuung zu geben, ist auch eine Option, aufgrund von Größe und Gewicht des Geheges allerdings oft nicht möglich. Der Umzug in ein anderes Urlaubsgehege bedeutet für das Tier viel Stress und sollte möglichst vermieden werden.

< Manche Hamster lassen sich für Auslauf begeistern.

∨ Schüchterne Hamster lassen sich manchmal mit einem Leckerli auf die Hand locken.

Artgerechte Hamstergehege sind groß und schwer, sodass man sie nicht so einfach mit in den Urlaub nehmen kann.

Hamster sind für Kinder nur bedingt als Haustier geeignet. Die Hauptverantwortung liegt immer bei den Eltern.

Hamster und andere Haustiere

Gibt es in deinem Haushalt bereits andere Tiere, stellt sich die Frage, wie gut ein Hamster mit diesen unter einem Dach leben kann. Da Hamster Beutetiere sind, können ihnen vor allem Hunde und Katzen gefährlich werden. Das Hamstergehege sollte daher nicht nur ausbruch-, sondern vor allem auch einbruchsicher sein. Katzen können mit ihren Krallen beispielsweise nicht nur Gitterdeckel anheben, sondern den Hamster auch durch das Gitter hindurch verletzen. Es empfiehlt sich daher, das Gehege in einem Raum aufzustellen, zu dem Hund und Katze keinen Zugang haben oder sich dort nur unter Aufsicht aufhalten. Während dein Hamster Auslauf hat, sollte sich kein anderes freilebendes Tier im gleichen Raum aufhalten. Auch tagaktive und laute Tiere können in der Kombination mit Hamstern schwierig sein. Zudem reagieren manche Tiere sehr empfindlich auf den Geruch anderer Tierarten. Hier empfiehlt es sich ebenfalls, die beiden in getrennten Räumen unterzubringen.

Hamster und Kinder

Dämmerungsaktive Beobachtungstiere sind als Haustiere für Kinder nur bedingt geeignet. Steht das Hamstergehege im Kinderzimmer, kann das zu Ruhestörungen auf beiden Seiten führen: Tagsüber stören laute Spielgeräusche den Hamster, nachts stören Laufrad- und Nagegeräusche das Kind. Ein Standort im Wohn- oder Arbeitszimmer ist daher sinnvoller. Kleinkindern fehlt es an der nötigen Feinmotorik für ein so kleines Tier. Bei ihnen ist das Risiko zu groß, den Hamster fallen zu lassen oder durch Quetschung zu verletzen. Zudem mangelt es oft noch am Verständnis für die persönlichen Grenzen des Tieres. Bei älteren Kindern kommt es stark auf die persönliche Reife und das Verantwortungsbewusstsein an, sodass keine genaue Altersgrenze gesetzt werden kann. In jedem Fall liegt die Hauptverantwortung bei den Eltern oder Erziehungsberechtigten. Viele Kinder verlieren schnell das Interesse an einem Tier, mit dem sie nur wenig interagieren können. Dann ist es Aufgabe der Erwachsenen, sich um die Pflege des Hamsters zu kümmern. Auch Fahrten zu Tierärzt:innen und deren Behandlungskosten werden die Eltern übernehmen. Ob Hund oder Hamster: Wenn du einem Tier ein Zuhause geben möchtest, sollten alle Angehörigen deines Haushalts damit einverstanden sein. Wie sich ein Kind sinnvoll mit einem Hamster beschäftigen kann, erfährst du auf der nächsten Seite.

Passt ein Hamster zu dir?

- Das Haustier ist eher für dich als für deine Kinder gedacht.
- In deiner Familie gibt es keinen starken Heuschnupfen, Allergien gegen Hausstaub oder Kleintiere.
- Du suchst ein Haustier zum Beobachten, nicht zum Kuscheln.
- Du möchtest dich vor allem abends mit dem Tier beschäftigen.
- Du hast einen sicheren und wohl temperierten Platz für das Gehege und den Auslauf.
- Du kennst jemanden, der dein Tier während deiner Abwesenheit versorgen kann.
- Dir ist bewusst, dass auch ein kleines Tier große Kosten verursachen kann.

für Kids

Tägliche Beschäftigung

für meinen Hamster

Vorlesen

Auf die Hand

Füttern

So sind Hamster! Sie sind Fluchttiere, leben allein, sind nachtaktiv und graben Baue unter der Erde. Und am liebsten essen sie Gräser, Samen, Nüsse und auch mal einen Wurm.

Hamster als Familienmitglied

Dem Hamster vorlesen

Ist der Hamster neu bei dir eingezogen, ist für ihn anfangs alles noch fremd und er fühlt sich unsicher und ängstlich. Bis er sich an sein neues Zuhause und an dich gewöhnt hat, kann es eine Zeit dauern. Manche Hamster brauchen dafür nur ein paar Tage, andere ein paar Monate. Um das neue Familienmitglied an deine Stimme zu gewöhnen, kannst du mit ihm reden oder ihm abends aus einem Buch vorlesen.

Hand ins Gehege legen

Hat der Hamster sich an deine Stimme gewöhnt, kannst du einen Schritt weitergehen. Unsere Hände sind für die kleinen Tiere wie große Greifarme – ganz schön gruselig! Lege deine Hand anfangs vorsichtig in die Einstreu und warte, bis der Hamster von selbst zu dir kommt. Lass ihn an deiner Hand schnuppern und darauf herumklettern. Belohne sein Vertrauen mit einem Kernchen.

Abends reinigen und füttern

Alles, was im Hamstergehege zu tun ist, erledigst du am besten, wenn dein Hamster wach ist. Solange der Hamster schläft, könntest du ihn stören. Stell dir vor, deine Eltern würden mitten in der Nacht in dein Zimmer kommen und putzen – eine Frechheit! Warte am besten, bis der Hamster ausgeschlafen hat und sich im Gehege zeigt. Dann kannst du die Toilettenecke reinigen, altes Frischfutter entsorgen, neues Futter im Gehege verstreuen und das Trinkwasser wechseln.

In den Auslauf setzen

Damit dein Hamster noch mehr Vertrauen zu dir aufbaut, kannst du dich zu ihm in den Auslauf setzen. So kann er selbst entscheiden, wann er Kontakt zu dir aufnehmen möchte. Wenn er auf dir herumklettert, pass auf, dass er nicht abstürzt. Wenn du dich im Auslauf bewegst, sei vorsichtig, damit du den Hamster nicht einklemmst oder auf ihn trittst.

Do!

- Hab Geduld mit deinem Hamster.
- Lass ihn entscheiden, was er machen möchte, wohin er laufen will und ob er Kontakt zu dir aufnimmt.
- Ein Hamster ist kein Spielzeug oder Kuscheltier, sondern ein Lebewesen mit eigenen Wünschen und Gefühlen.

Don't

- Wecke deinen Hamster nicht auf, sonst wird er sauer auf dich.
- Falls der Hamster an deinen Fingern knabbert, ziehe sie nicht ruckartig weg.

Hamsterarten

→ In freier Wildbahn gibt es in Deutschland nur eine Hamsterart, und zwar den europäischen Feldhamster. In der Heimtierhaltung sind folgende Hamsterarten vertreten:

- Gold- und Teddyhamster
- Dsungarischer Zwerghamster
- Campbell Zwerghamster
- Roborowski Zwerghamster
- Chinesischer Streifenhamster

Dabei ist der Teddyhamster keine eigene Art, sondern lediglich ein Goldhamster mit langem Fell. Die Männchen bekommen dabei in der Regel längeres Fell als die Weibchen. Von den vier Zwerghamsterarten kommen Dsungaren und Campbells am häufigsten in der deutschen Heimtierhaltung vor, wobei es sie fast nur noch als Hybriden (Mischformen) gibt. Alle Hamsterarten kommen inzwischen in verschiedenen Farbschlägen vor.

Groß-, Mittel- und Zwerghamster

Während der Feldhamster auch als Großhamster bezeichnet wird, zählen Gold- und Teddyhamster zu den Mittelhamstern.

Goldhamster in der Farbe Golden (wildfarben).

Hamsterarten und ihre Eigenschaften

Auch kleine Tiere können sehr große Unterschiede im Hinblick auf Charakter und Bedürfnisse zeigen und nicht alle Hamsterarten sind gleich. Roborowski Zwerghamster und Chinesische Streifenhamster sind häufig ängstlicher und daher weniger für Hamsterneulinge geeignet. Während Goldhamstermännchen sich meist eher gemütlich geben, sind die Weibchen deutlich aktiver und fordern mehr Platz und Beschäftigung ein. Goldhamster haben einen ausgeprägten Tag-Nacht-Rhythmus. Zwerghamster sind dagegen auch hin und wieder tagsüber im Gehege unterwegs. Zwerghamstermännchen haben einen stärkeren Eigengeruch als ihre weiblichen Artgenossen. Wie überall, gibt es aber auch bei Hamstern Ausnahmen und Individuen. Die besonderen Bedürfnisse einzelner Hamsterarten in der Haltung kannst du in Kapitel 2 nachlesen.

< Campbell Zwerghamster in der Farbe Agouti (wildfarben).

∨ Roborowski Zwerghamster in der Farbe Agouti (wildfarben).

∧ Dsungarischer Zwerghamster in der Farbe Agouti.

∧ Teddyhamster-Männchen in der Farbe White.

> Chinesischer Streifenhamster in der Farbe Agouti.

Hamster kaufen oder adoptieren?

⟶ Trotz charakterlicher Tendenzen ist jedes Tier ein Individuum. Bei Hund und Katze achten Menschen oft darauf, dass der Charakter des Tieres zu ihrem eigenen passt. Das empfiehlt sich auch beim Hamster. Daher ist es gut, einen Hamster aus einem Tierheim oder einer Pflegestelle zu adoptieren. Sie kennen ihre Pfleglinge und können dir Auskunft über ihre Eigenheiten und Vorlieben geben. Darüber hinaus stehen Tierheime und Pflegestellen dir in der Regel nach der Adoption weiterhin beratend zur Seite. Eine Adoption aus dem Tierschutz ist nicht nur eine gute Sache, sondern bietet dir auch viele Vorteile.

Pflegestellen finden

Eine Pflegestelle nimmt Tiere in Not auf und sucht für sie ein neues Zuhause. Das funktioniert so ähnlich wie bei einem Tierheim, aber meist in deutlich kleinerem Rahmen. Während in Tierheimen oft dutzende Tiere auf der Suche nach einem neuen Zuhause sind, können manche Pflegestellen die Zahl ihrer Tiere an einer Hand abzählen. Es gibt aber auch große Pflegestellen. In Tierheimen leben vor allem Hunde und Katzen. Hamster sind dort eher seltene Gäste. Für Hamster gibt es spezialisierte Pflegestellen, die nur Hamster aufnehmen und sich daher auch besonders gut mit ihnen auskennen.

Pflegestellen beraten dich dabei, ein artgerechtes Zuhause für deinen Hamster einzurichten.

In den über hundert Hamster-Pflegestellen in Deutschland suchen viele Hamster ein neues Zuhause.

Tierheime und Pflegestellen kennen den Charakter ihrer Schützlinge gut.

Mein Tipp

In Pflegestellen findest du einen Hamster, der vom Charakter zu dir passt.

Die Bezeichnung Pflegestelle ist allerdings nicht geschützt. Folglich dürfen sich alle so nennen, die Tiere aufnehmen und weitervermitteln. Nicht alle Pflegestellen arbeiten jedoch seriös. Von außen ist das leider meist schwer zu beurteilen. Daher findest du im Serviceteil eine Übersicht von empfehlenswerten Pflegestellen für Hamster.

Ablauf einer Adoption

Eine Adoption läuft anders ab als ein Kauf im Zoofachhandel. Du kannst in der Regel nicht einfach bei einer Pflegestelle vorbeikommen, dir einen Hamster aussuchen und ihn sofort mit nach Hause nehmen. Pflegestellen prüfen im Vorfeld sehr sorgfältig, ob du dem Hamster ein artgerechtes Zuhause bieten kannst. Dafür wirst du beispielsweise gebeten, einen Fragebogen auszufüllen oder Fotos vom Gehege zu schicken. Ist alles in Ordnung, schließt die Pflegestelle üblicherweise einen Adoptions- oder Schutzvertrag mit dir ab. Auch für Pflegestellentiere zahlst du Geld, die sogenannte Schutzgebühr. Sie trägt dazu bei, die Arbeit der Pflegestellen zu finanzieren, denn Pflegestelle zu sein, kann ganz schön kostspielig werden. Verletzte oder kranke Tiere werden von den Pflegestellen bestmöglich tierärztlich versorgt. Tiere, die chronisch krank oder zu alt für eine Vermittlung sind, dürfen bis zu ihrem Lebensende in der Pflegestelle bleiben.

Seriöse Pflegestellen vermitteln ihre Hamster nur mit einem Schutzvertrag.

Gehege und Zubehör kaufen

⟶ Bevor ein Hamster bei dir einziehen kann, brauchst du als erstes ein Gehege, Zubehör und Futter. Bei Gehege und Zubehör hast du drei Möglichkeiten: Neu kaufen, gebraucht kaufen oder selbst bauen. Inzwischen gibt es einige Onlineshops, die sich auf die Bedürfnisse von Hamstern und anderen Nagern spezialisiert haben. Die Zooläden hinken in der Entwicklung noch etwas hinterher, sodass es dort nur eine geringe Auswahl an geeignetem und gesundheitlich unbedenklichem Zubehör gibt. Gesundes Hamsterfutter gibt es sogar ausschließlich im Internet. Die Adressen für den Einkauf von artgerechtem Hamsterzubehör findest du im Serviceteil.

Ungeeignetes Zubehör

Leider sind im Einzelhandel immer noch Produkte erhältlich, die zwar speziell für Hamster angepriesen werden, für diese jedoch gefährlich sein können. So stuft die Tierärztliche Vereinigung für Tierschutz e. V. beispielsweise Hamsterkugeln und Hamsterwatte als tierschutzwidrig ein. In den Laufkugeln sitzen Hamster in ihren eigenen Ausscheidungen fest, bekommen schlecht Luft, haben keinerlei Rückzugsmöglichkeit und können sich schlecht orientieren. Hamsterwatte wirkt kuschelig und gemütlich, ist aber erstaunlich reißfest und kann Gliedmaßen abschnüren. Aus dem gleichen Grund verzichtet man auf Zubehör aus Stoff oder Seil.

Eine Übersicht verschiedener Gehegearten findest du auf Seite 43.

So viel kostet ein Hamster

- Hamster: einmalig 15 - 50 Euro
- Gehege: einmalig 50 - 300 Euro
- Zubehör: einmalig 100 - 200 Euro
- Futter: monatlich 10 Euro
- Verbrauchsmaterial: monatlich 5 Euro
- Tierärzt:in: je nach Krankheit zwischen 20 und 200 Euro

Ebenen sorgen nicht nur für einen sicheren Stand, sondern bieten auch Deckung.

Hamster mögen abwechslungsreiche Gehege mit vielen Versteckmöglichkeiten.

Kunststoffe

Bei Kunststoffen kommt es auf die Zusammensetzung an. Es gibt Kunststoff-Laufräder, die extra für Nagetiere konzipiert sind. Sie splittern nicht, selbst wenn dein Hamster sie annagen sollte. Von anderem Kunststoffzubehör ist eher abzuraten, da die Zusammensetzung oft unbekannt ist.

Holzzubehör

Bei Holzzubehör sollte auf eine saubere Verarbeitung geachtet werden. Häuser oder Laufräder, die krumm und schief zusammengebaut sind, sind nicht nur unschön anzusehen. Sie sind in der Regel auch nicht besonders langlebig und können deinem Hamster sogar gefährlich werden. An Holzsplittern, spitzen Nägeln oder Tackerklammern können sich die nagefreudigen Hamster schnell verletzen. Um die Gesundheit deines Hamsters nicht zu gefährden, setze daher lieber auf geleimtes Zubehör.

Vorsicht, Ritzen

Achte bei Brücken aus Holzstäben darauf, dass die Stäbe möglichst gerade und lückenlos sind. Haselnuss wächst zum Beispiel oft gerader als Weide. In Ritzen können Hamster mit ihren Füßen stecken bleiben. Um sie zu verschließen, kannst du Hanfmatte, Moos oder ein Gemisch aus Chinchillasand und lösemittelfreiem Holzleim verwenden.

Hochwertiges Hamsterzubehör ist meistens aus Birkenholz gefertigt.

Mein Tipp

Gefährliche Ritzen in Weidenbrücken lassen sich mit einem Gemisch aus Holzleim und Sand auffüllen. Auch Moos oder Hanfmatte können für Abhilfe sorgen.

Gebrauchtes Hamsterzubehör

⟶ Gebrauchtes Hamsterzubehör findest du zum Teil auch günstig in den Kleinanzeigen. Manchmal werden sogar komplette Startersets angeboten, also ein Gehege mit Zubehör und Futter. Allerdings kannst du bei Privatkäufen nie wissen, wie es zuvor um Hygiene und Krankheiten bestellt war. Du kannst die Verkäufer:innen fragen, woran der vorherige Hamster gestorben ist, ob er krank war oder Parasiten hatte. Ob du darauf eine ehrliche Antwort bekommst, ist jedoch fraglich.
Daher solltest du vorsichtshalber alles, was du für deinen neuen Mitbewohner kaufst, desinfizieren. Aggressive Reinigungsmittel sind allerdings nicht das Mittel der Wahl. Das würde die empfindlichen Sinne des Hamsters reizen und kann ihn im schlimmsten Fall ebenso krank machen wie eingeschleppte Keime. Am einfachsten und unbedenklichsten ist es, das Hamsterzubehör mit Hitze zu desinfizieren.

Hitzedesinfektion ist nicht nur effektiv, sondern auch vollkommen ungiftig.

Gebrauchtes Zubehör reinigen

Gegenstände aus Holz, Metall, Glas, Ton oder Keramik kannst du für eine Stunde bei 100 Grad Celsius in den Backofen schieben. Stark verschmutzte Gegenstände und alles, was die Hitze nicht aushält, solltest du lieber gar nicht erst kaufen oder entsorgen. Geöffnete Packungen Streu oder Futter sind ebenfalls mit Vorsicht zu genießen und sollten im Zweifelsfall lieber im Müll als im Gehege landen.

Gebrauchte Gehege reinigen

Gebrauchte Gehege lassen sich nicht in den Backofen schieben, zumindest nicht, wenn sie eine artgerechte Größe haben. Glas, Metall, Acrylglas und beschichtete Spanplatten können mit Essigessenz gereinigt und mit viel klarem Wasser abgespült werden.
Bei Gehegen aus Spanplatten sollten die Fugen gegen das Eindringen von Feuchtigkeit geschützt werden, beispielsweise durch ungiftiges Aquarien- oder lebensmittelechtes Küchensilikon.
Falls du auch hier auf Hitze setzen möchtest, kann dir ein leistungsstarker Dampfreiniger gute Dienste leisten. Gehege(teile) aus Holz lassen sich aufgrund der rauen Oberfläche nicht hundertprozentig reinigen. Mit lösemittelfreiem Spielzeuglack mit der Kennzeichnung DIN EN 71-3 oder 71/3 lässt sich Holz jedoch gut versiegeln. Empfehlenswert sind mindestens vier Schichten.

Gebrauchtes Zubehör sollte gründlich gereinigt und anschließend mit Hitze desinfiziert werden.

Hamsterzubehör selbst bauen

→ Falls du handwerklich begabt bist oder jemanden kennst, der dir dabei helfen kann, ist Selbstbauen eine attraktive Alternative. Das Gehege kannst du ganz nach deinen Vorstellungen, Wunschmaßen und farblich passend zu deiner Wohnungseinrichtung gestalten. Zubehör selbst zu bauen, ist meistens kostengünstiger, als es neu zu kaufen. Auch hier kannst du die Größen von Häusern, Sandbädern und Ebenen selbst bestimmen und deiner Kreativität freien Lauf lassen, zumindest im Rahmen der Hamstertauglichkeit. Nicht alle Materialien sind für den Einsatz im Nagetierbereich geeignet. Daher erhältst du hier einen kleinen Überblick darüber, was du für den Bau von Hamsterzubehör und -gehege verwenden darfst.

Mein Tipp

Eine Anleitung zum Bau eines Hamstergeheges findest du beispielsweise auf der Internetseite der Hamsterhilfe NRW.

Materialien für Zubehör

- Multiplex-Platten aus Birke
- Sperrholz aus Pappel (6 – 8 mm)
- Rund- oder Kanthölzer aus Buche
- Lösemittelfreier Holzleim
- Rollkork
- Holzdübel
- Fliesen oder Mosaikfliesen
- Spielzeuglack DIN EN 71-3
- Servietten (für Serviettentechnik)

Materialien für den Gehegebau

- Beschichtete Spanplatten
- Echtholz mit Spielzeuglack versiegelt
- Scheiben aus Echtglas oder Acrylglas
- Führungsschienen aus Kunststoff oder Metall
- Nageschutz und Schrauben aus rostfreiem Edelstahl oder Aluminium
- Ungiftiges Aquariensilikon oder lebensmittelechtes Küchensilikon
- Lüftungsfenster aus Volierendraht (quadratische Maschen, punktverschweißt)
- Lüftungsfenster aus Lochblech (auf große Löcher achten)

Ungeeignete Materialien

- Echtholz, MDF oder OSB ohne Beschichtung oder Versiegelung
- Farben und Lacke ohne DIN EN 71-3
- Metalle, die leicht rosten
- Sanitärsilikon (enthält giftige Fungizide)
- Kaninchendraht (6-eckige Maschen, verzwirbelt, nicht verschweißt)
- Mit Kunststoff ummantelter Draht

∨ Hamsterzubehör zu basteln, kann eine Beschäftigung für die ganze Familie sein.

∧ Mit einer Laubsäge lassen sich Pappel-Sperrholzplatten gut zuschneiden.

< Wer kein Händchen für Malerei hat, kann das Hamsterzubehör auch mit Serviettentechnik verschönern.

Haltung & Ernährung

für Hamster

Trockenfutter und Wasser

Wasser

In der freien Natur trinken Hamster aus Pfützen oder essen saftige Gräser und Wurzeln, um ihren Flüssigkeitsbedarf zu decken. In der Heimtierhaltung sollten sie immer Zugang zu einem Napf mit frischem Leitungswasser haben. Von Trinkflaschen ist eher abzuraten. Sie zwingen den Hamster beim Trinken nicht nur in eine unnatürliche Körperhaltung, sondern sind auch schwierig zu reinigen. In den Flaschen können sich Algen und Schmutzfilme bilden. Die Metallröhren verkalken mit der Zeit, sodass sie irgendwann kein Wasser mehr durchlassen. Merkst du dies zu spät, droht dein Hamster zu verdursten.

Trockenfutter

Die Basis der Hamsterernährung ist ein ausgewogenes Trockenfutter. Die Futtermischung muss nicht nur die richtigen Inhaltsstoffe, sondern auch das richtige Verhältnis der einzelnen Bestandteile haben. Futter selbst zu mischen, ist aufgrund der hohen Anzahl an Zutaten sehr aufwendig und meist sogar teurer als Fertigmischungen. Gesunde Futtermischungen sind ausschließlich in speziellen Onlineshops erhältlich, die du im Serviceteil findest.
Gesundes Hamsterfutter ist naturbelassen. Um keine Futterschädlinge einzuschleppen, ist es ratsam, das neu gekaufte Futter vor der Verwendung eine Woche lang ins Gefrierfach zu legen.

Mein Tipp

Stellst du den Wassernapf auf das Hausdach oder eine Ebene, kann er nicht mit Streu verunreinigt werden. Eine Fliese oder ein Glasuntersetzer kann das Hausdach vor Feuchtigkeit schützen.

Eine gesunde Futtermischung ist wichtig für das hamsterliche Wohlbefinden.

Links: Ungesundes Futter mit zu viel Getreide und schwer verdaulichen Pellets.
Rechts: Gesunde Futtermischung mit Kräutern und tierischem Einweiß.

Futtermenge

Ein Goldhamster benötigt circa einen Esslöffel, ein Zwerghamster einen Teelöffel Trockenfutter am Tag. Einen Napf für Trockenfutter brauchen Hamster nicht. Sie finden es viel spannender, wenn das Futter im gesamten Gehege verstreut wird und sie danach suchen müssen. Das bietet nicht nur Beschäftigung, sondern animiert auch die faulsten Tiere zu Bewegung. Übergewicht gilt es bei Hamstern zu vermeiden. Wie beim Menschen auch kann es zu Folgeerkrankungen führen. Campbells, Dsungaren und Hybriden können beispielsweise Diabetes bekommen. Fettige und zuckerhaltige Lebensmittel wie Nüsse und Trockengemüse sollten daher nur in geringen Mengen gegeben werden. Auf Obst verzichtest du bei Zwerghamstern am besten ganz.

	Futter für Gold- und Teddyhamster	Futter für Zwerghamster
Das muss drin sein	• Getreide	• Kleinsämereien
	• Kleinsämereien	• Kräuter und Blüten
	• Getrocknetes Gemüse	• Getrocknete Insekten
	• Getrocknete Früchte	
	• Kräuter und Blüten	
	• Nüsse und Kerne	
	• Getrocknete Insekten	
Das darf nicht drin sein	• Pellets	• Getreide
	• Zucker, Honig, Melasse	• Getrocknete Früchte
	• Künstliche Zusatzstoffe	• Pellets
	• Farbstoffe	• Zucker, Honig, Melasse
		• Künstliche Zusatzstoffe
		• Farbstoffe

Eiweiß-, Erlebnis- und Frischfutter

Eiweißfutter

Hamster ernähren sich in der Wildnis nicht rein vegetarisch. Mithilfe von Insekten decken sie ihren Eiweißbedarf. In Trockenfuttermischungen befinden sich daher zum Beispiel getrocknete Mehlwürmer, Gammarus (Bachflohkrebse), Süßwasserfische, Käferlarven oder Heuschrecken. Für die meisten Heimhamster sind diese Insekten absolute Leckerbissen, manche verschmähen sie allerdings auch. Hier sind Hülsenfrüchte und selbst gezogene Sprossen aus dem Hamsterfutter eine gute Alternative. Von Joghurtdrops und den meisten Milchprodukten solltest du besser die Finger lassen, denn Hamster vertragen keine Laktose (Milchzucker).

Leckerli

Damit dein Hamster kein Übergewicht bekommt oder krank wird, sollten auch Leckerchen möglichst gesund sein. Achte beim Kauf darauf, dass kein Zucker, kein Honig und keine Melasse enthalten sind. Diese bergen neben der hohen Kalorienzahl auch das Risiko, in den Backentaschen zu verkleben. Bei Zwerghamstern sollte zudem auf Getreide verzichtet werden. Auch Bestandteile aus dem Trockenfutter können Leckerchen sein, etwa Mehlwürmer, Nüsse oder Kürbiskerne. Verzichte auf hoch verarbeitete Leckerli wie Joghurtdrops, Haferecken oder bunt gefärbte Pellets.

Erlebnisfutter

In der Natur müssen Hamster ihr Futter selbst suchen und sich dieses erarbeiten. Dafür sind sie häufig die ganze Nacht unterwegs und legen weite Strecken zurück. Damit deinem Heim-Hamster nicht langweilig wird, kannst du Erlebnisfutter in sein Gehege integrieren. Das sieht nicht nur hübsch aus, sondern hält den Bewohner auch auf Trab. Zum Erlebnisfutter zählen beispielsweise:

- Zweige von Bäumen und Sträuchern (siehe Frischfutter)
- Kolben- und Rispenhirse
- Flachs-Ähren
- Dari-Kolben
- Senegalhirse
- Kanariensaat-Ähren
- Sudangras
- Getreide-Ähren (nur für Gold- und Teddyhamster)
- Getrocknete Maiskolben oder Sonnenblumenköpfe (nur für Gold- und Teddyhamster)

Getrocknete Insekten sind für die meisten Hamster absolute Leckerbissen.

Haselnüsse mit ihrer harten Schale sorgen für Beschäftigung.

Pinienkerne sind bei Hamstern beliebt, enthalten aber auch viel Fett.

Es erfordert etwas Geschick, Rispenhirse zu ernten.

Für Flachs können sich fast alle Hamster begeistern. In den kleinen Samenkapseln verstecken sich gesunde Leinsamen.

> Ein Stück Gurke fördert gerade im Sommer die Flüssigkeitsaufnahme.

∨ Manche Hamster warten schon an der Gehegetür auf ihr Abendessen.

∧ Das tägliche Füttern kann zur Familienroutine werden.

< Abwechslung beim Frischfutter ist willkommen.

Frischfutter

Zusätzlich zum Trockenfutter möchte dein Hamster auch regelmäßig Frischfutter zu sich nehmen. In der Wildnis sind dies vor allem Gräser, Keimlinge und Wurzeln. Aber auch heruntergefallene Beeren und Früchte können auf dem Speiseplan stehen. Deinem Heimtier-Hamster kannst du vieles von dem anbieten, was du selbst in der Küche hast. Du solltest jedoch auch hier darauf achten, lieber Lebensmittel mit niedrigem Zuckeranteil anzubieten. Zudem ist es ratsam, auf chemisch gedüngte und gespritzte Pflanzen zu verzichten. Pflanzen, die am Wegesrand gesammelt werden, sind häufig durch Hundeurin verunreinigt. Generell sollten selbst gesammelte Pflanzen vor dem Füttern gut abgewaschen werden. Kohl und frische Hülsenfrüchte können zu Blähungen führen. Salate dürfen selten und in kleinen Mengen angeboten werden. Bei Kräutern solltest du dich vorab über ihre medizinische Wirkung erkundigen.

Mein Tipp

Eine ausführliche Liste, welche Obst- und Gemüsesorten als Frischfutter geeignet sind, findest du hier: www.diebrain.de

Geeignetes Frischfutter	Ungesunde oder giftige Pflanzen
• Gurke	• Rohe Kartoffeln
• Zucchini	• Bohnen
• Kürbis	• Obst und Gemüse mit hohem Zuckergehalt
• Sellerie	• Chemisch gedüngte oder gespritzte Pflanzen
• Fenchel	• Pflanzen aus dem Hundeklo
• Topinambur	• Zwiebelgewächse (z. B. Zwiebel, Lauch, Schnittlauch)
• Pastinake	• Steinobst (z. B. Kirschen, Pflaumen, Nektarine)
• Frische Gartenkräuter	• Exotische Früchte (z. B. Mango, Granatapfel, Avocado)
• Möhrengrün	• Zweige von Steinobst, Nadelbäumen, Weiden und Eichen
• Sprossen aus Trockenfutter	
• Nagergras	
• Golliwoog	
• Gänseblümchen	
• Zweige von z. B. Apfel, Birne, Haselnuss, Pappel	

Grünfutter

selbst ziehen

Do!

Achte darauf, dass der Hamster nicht zu viel auf einmal frisst, damit er keinen Durchfall bekommt.

Das brauchst du:

1. Hamsterfutter
2. Pflanztopf aus Ton mit Untersetzer
3. Substrat, zum Beispiel Kokoserde, Terrarienerde oder Chinchillasand
4. Wasser
5. Sprühflasche oder kleine Gießkanne

So wirds gemacht:

Erde auffüllen Befülle den Pflanztopf zu ¾ mit Kokoserde, Terrarienerde oder Chinchillasand. Blumenerde ist aufgrund der Zusatzstoffe ungeeignet. Weil der Hamster den Topf annagen könnte, sollte er nicht aus Plastik sein. Ein Topf aus Ton oder Keramik ist ideal. Der Pflanztopf sollte unten ein Loch haben, damit überflüssiges Wasser ablaufen kann.

Säen Streue ein bisschen Hamsterfutter auf die Erde. Getrocknete Insekten, Blüten und Kräuter kannst du vorab aussortieren, wenn du möchtest. Anstelle von Futtermischungen kannst du im Hamsterfuttershop auch spezielle Saatenmischungen bestellen. Dann sparst du dir das Aussortieren von Bestandteilen, die nicht keimen können.

Gießen Bedecke das Hamsterfutter mit einer dünnen Schicht Substrat und befeuchte es mit Wasser. Alternativ kannst du auch mit einer kleinen Gießkanne oder einem anderen kleinen Gefäß vorsichtig gießen. Pass auf, dass du den Topf nicht überschwemmst. Halte das Substrat immer leicht feucht und vermeide Staunässe. Gieße überflüssiges Wasser aus dem Untersetzer ab. Am besten gedeihen die Keimlinge bei warmen Temperaturen und viel Licht. Ein idealer Standort ist daher zum Beispiel die Fensterbank.

Sprießen Nach zwei bis vier Wochen sind die Sprösslinge groß genug. Jetzt kannst du den Pflanztopf deinem Hamster ins Gehege oder in den Auslauf stellen.

Futterpflanzen und Mineralien

Futterpflanzen

In der Wildnis bekommen die wenigsten Hamster frisches Obst und Gemüse serviert. Ihr Frischfutter besteht vor allem aus Keimlingen, Wurzeln, frischen Gräsern und Kräutern. Im Zoofachhandel sind neben Katzengras häufig auch Nagergras und Golliwoog zu finden. Alle drei Pflanzen sind für Hamster essbar. Allerdings können die Pflanzenerde und der Plastiktopf für den Hamster schädlich sein. Daher solltest du die Pflanzen in Kokoserde und einen Keramiktopf umtopfen, bevor du sie deinem Hamster anbietest.

Im Gehege überleben die meisten Futterpflanzen nicht lange. Ob abgefressen oder ausgebuddelt, Hamster können gnadenlos sein. Pflanzen brauchen Wasser zum Überleben, doch Feuchtigkeit kann im Gehege zu Schimmelbildung führen. Bei übermäßigem Verzehr wirken manche Pflanzen abführend. Golliwoog enthält viel Calcium und sollte nur in Maßen gefüttert werden. Besser ist es daher, die Pflanzen nicht im Gehege, sondern im Auslauf anzubieten. Hier kannst du die Futterpflanze auch leichter austaschen, um deinem Hamster noch mehr Abwechslung zu bieten.

Pflanze die Futterpflanzen in einen Tontopf mit Kokoserde, bevor du sie deinem Hamster anbietest.

Im Auslauf stellen Futterpflanzen eine tolle Abwechslung dar.

Im Gehege überleben Futterpflanzen oft nicht lange. Hamster buddeln sie gerne aus oder ernten sie über Nacht ab.

Mineral- oder Salzleckstein

Hamster benötigen wie die meisten Tiere Salz zum Leben. Zu viel Salz ist jedoch ungesund. In einer gesunden Hamsterfuttermischung ist bereits ausreichend Salz enthalten, vor allem in den Öl- und Kräutersaaten. Ein zusätzliches Salzangebot ist überflüssig und mitunter sogar gesundheitsschädlich. Im Zoofachhandel gibt es weiße gepresste Mineralsteine oder rosa Salzbruchsteine. Beide bestehen aus Natriumchlorid. Die weißen Steine sind porös, sodass sich beim Nagen größere Stücke lösen können. Nimmt der Hamster diese auf, kann es zu einer Salzvergiftung kommen. Die rosa Steine sind stabiler. Bei nagewütigen Hamstern ist auch hier nicht auszuschließen, dass größere Stückchen abbrechen können. Unabhängig davon, kann eine langfristige salzreiche Kost der Gesundheit schaden. Immunsystem, Nieren und Blutdruck können beispielsweise darunter leiden. Salz hat außerdem einen Gewöhnungseffekt. Das könnte dazu führen, dass der Hamster mit der Zeit immer häufiger am Salzstein leckt und so immer mehr Salz zu sich nimmt.

Don't

Mineral- oder Salzlecksteine und Vitaminpräparate braucht dein Hamster nicht. Im schlimmsten Fall können sie ihn sogar krank machen.

Hamster-kekse

selbst backen

Mein Tipp

Noch mehr Rezepte für Hamsterkekse findest du auf der Internetseite der Hamsterhilfe Österreich.

Das brauchst du:

1 100 g Saatenmix (wahlweise für Gold- oder Zwerghamster)
2 50 g Buchweizenmehl
3 60 ml Wasser
4 1 Eiklar
5 Blüten
6 Schüssel und Löffel
7 Pralinenform aus Silikon

So wirds gemacht:

Teig rühren Buchweizenmehl und Wasser in eine Schüssel geben und zu einer cremigen Masse verrühren. Den Saatenmix hinzufügen und alles gleichmäßig verrühren.

In die Form füllen Die Masse mit einem Löffel in die Pralinenform füllen und mit dem Löffel fest andrücken. Überschüssigen Teig vorsichtig von der Pralinenform abkratzen.

Backen Die Pralinenform auf einem Backblech in den Backofen stellen und die Hamsterkekse für etwa 90 Minuten bei 100 Grad backen. Währenddessen die Backofentür einen kleinen Spalt breit offenlassen, damit die Feuchtigkeit entweichen kann.

Abkühlen und stürzen Kekse abkühlen lassen und vorsichtig aus der Form lösen oder auf ein sauberes Brett stürzen.

Verzieren Nun werden die Kekse mit etwas Eiklar bestrichen und dann mit Blüten verziert. Alternativ kannst du sie auch einfach ins Eiklar tauchen. Danach kommen die Pralinen für weitere 10 Minuten in den Backofen.

Aufbewahren Verpacke die abgekühlten Kekse in einer Papiertüte oder Keksdose. Wichtig ist, sie nicht luftdicht verpackt zu lagern, da sie sonst aufgrund der Restfeuchtigkeit schnell schimmeln könnten.

Hamster-gehege

Größe

In der Natur verbringen Hamster ihre Zeit überwiegend mit der Futtersuche. Dabei legen sie pro Tag bzw. Nacht mehrere Kilometer zurück. Auch wenn unsere Heimhamster nicht so lange nach Futter suchen müssen, haben sie dennoch einen hohen Platz- und Beschäftigungsbedarf. Generell gilt: Je größer das Gehege ist, desto wohler fühlt sich der Hamster. Die Tierärztliche Vereinigung für Tierschutz e. V. empfiehlt daher eine Grundfläche von mindestens 0,5 m^2 (z. B. 100 x 50 cm). Bei der Berechnung zählt nur die unterste Ebene als Grundfläche. Manche Hamsterarten oder einzelne Tiere sind besonders ängstlich oder aktiv. Daher vermitteln einige Pflegestellen erst ab 0,6 cm^2 (z.B. 120 x 50 cm) oder 0,72 m^2 (z. B. 120 x 60 cm). Eine wissenschaftliche Studie und manche Tierheime empfehlen für Hamster sogar eine Grundfläche von 1 m^2. Vor dem Kauf oder Bau eines Geheges ist es daher ratsam, sich bei den Pflegestellen und Tierheimen in der Nähe zu erkundigen, welches Mindestmaß sie für ihre Vermittlungstiere fordern.

Belüftung

Gehege sollten ausbruchssicher, aber auch gut belüftet sein. Für ein Aquarium sollte daher ein Deckel mit Volierendraht gebaut werden. Holzterrarien können oben oder an den Seiten Fenster mit Volierendraht haben. In Glasterrarien ist die Belüftung häufig grenzwertig. Hier empfiehlt es sich, die hintere Deckenscheibe vorsichtig mit einem Teppichmesser zu entfernen und durch ein Lochblech oder einen Holzrahmen mit Volierendraht zu ersetzen. Der Volierendraht sollte dabei nicht verzwirbelt, sondern punktverschweißt sein und eine kleine Maschenweite (max. 12 mm) besitzen, damit der Hamster sich nicht hindurchquetschen kann. Klassische Gitterkäfige sind zwar gut belüftet, bergen aber eine Reihe von Nachteilen und Risiken (Ausbruchs-, Absturz- und Verletzungsgefahr, geringe Einstreumöglichkeit) und sind daher nicht empfehlenswert.
Mit der Belüftung darf jedoch auch nicht übertrieben werden: Achte darauf, dass das Gehege nicht im Luftzug steht, damit dein Hamster nicht krank wird. Sollte das Gehege für Lüftungszwecke ungünstig im Raum stehen, decke es beim Stoßlüften mit einer Wolldecke ab.

Don't

Klassische Gitterkäfige sind nicht für eine artgerechte Hamsterhaltung geeignet.

Je unübersichtlicher für das menschliche Auge, desto interessanter für den Hamster.

Dieses Gehege hat eine Größe von 100 x 72 cm.

Dieses Nagerterrarium hat eine Größe von 120 x 60 cm.

Ebenen, Röhren und Verstecke gestalten das Gehege für den Hamster interessant.

Hamster erkunden neue Gegenstände in ihrem Territorium äußerst gründlich.

‹ Dieses Gehege hat eine Größe von circa 160 x 40 cm. Durch die niedrige Höhe ist es eher für Zwerghamster geeignet.

^ Dieses alte Aquarium hat die Maße von 120 x 50 cm.

› Dieser Eigenbau bietet mit 40 cm Einstreu ein wahres Buddelparadies.

Gehegearten und Einstreu

→ Inzwischen gibt es auf dem Markt eine Vielzahl von Hamstergehegen. Doch nicht alles, wo „Hamster" draufsteht, ist auch hamstertauglich. Hamstergehege brauchen nicht nur eine entsprechende Größe und ausreichende Belüftung, sie sollten auch ausbruchssicher sein und keine sonstigen Gefahrenquellen bergen. Bei den Größenangaben der Hersteller:innen solltest du besonders gründlich hinschauen: Teilweise unterscheiden sich das Außen- und das Innenmaß deutlich. Aus 100 x 50 cm Gehegegröße wird so eine tatsächlich nutzbare Fläche von nur 97 x 48 cm. Für uns sind das nur wenige Zentimeter, für den Hamster ist es jedoch ein großer Unterschied. Die Unklarheiten rund um die Gehegegröße sind noch ein Grund mehr, lieber auf Nummer sicher zu gehen und ein Gehege zu kaufen oder zu bauen, das deutlich über dem Mindestmaß liegt. Wenn du dir nicht sicher bist, ob das Gehege, das du ins Auge gefasst hast, geeignet ist, frag am besten beim Tierheim oder der Pflegestelle nach, bevor du es kaufst. Die folgende Tabelle kann dir eine erste Orientierung bieten.

Gehegeart	Gut zu wissen
Aquarium	• Leicht zu reinigen
	• Kann besonders hoch eingestreut werden
	• Benötigt eine hamstertaugliche Abdeckung
Terrarium	• Belüftung meist mangelhaft
	• Streuschutz oft zu niedrig
	• Kann mit handwerklichem Geschick angepasst werden
Nagarium	• Eigens für Nagetiere gedacht
	• Viele unterschiedliche Modelle erhältlich
	• Verschiedene Vor- und Nachteile
	• Am besten bei Pflegestelle fragen, was aktuell empfehlenswert ist
Gitterkäfig	• Kann nicht hoch genug eingestreut werden
	• Fallhöhe problematisch
	• Ausbruchs- und Verletzungsrisiko
Eigenbau	• Kann nach eigenen Vorstellungen gebaut werden
	• Erfordert handwerkliches Geschick und Werkzeug

Einstreu

Für die meisten Hamster ist normale Kleintiereinstreu geeignet. Hamster bauen in der Natur Gangsysteme, die bis zu einem Meter tief sind. Je höher du in deinem Gehege einstreuen kannst, desto besser kann dein Hamster seinem natürlichen Buddeltrieb nachgehen. Die Tierärztliche Vereinigung für Tierschutz e. V. empfiehlt mindestens 20 cm, bei Pflegestellen sind die Anforderungen unterschiedlich und reichen von 15 bis 30 cm. Eine wissenschaftliche Studie ist zu dem Schluss gekommen, dass Hamster sich ab 40 cm deutlich wohler fühlen. Bei Teddyhamstern mit besonders langem Fell bleibt die normale Kleintierstreu oft im Fell hängen und verfilzt mit der Zeit. Daher kann es sinnvoll sein, auf eine Einstreu mit besonders großen Flocken umzusteigen.
Damit die gebuddelten Gänge in der Einstreu gut halten, kann Heu untergemischt werden. Von Stroh ist eher abzuraten, da tollpatschige Hamster sich schon die Augen an den spitzen Halmen verletzt haben.

Zusätzlich zur Einstreu kannst du deinem Hamster in Kisten oder Schalen verschiedene Substrate zum Buddeln und Erkunden anbieten. Dazu zählen beispielsweise Chinchillasand, Kokoserde, Terrarienerde, Maisspindelgranulat, Buchenholzgranulat oder „Desert Bedding". Auch eine Kiste gefüllt mit getrockneten Kräutern und Blüten kann für Hamster interessant sein.

Don't

Parfümierte Einstreu reizt die sensible Nase deines Hamsters. Katzenstreu und Pelleteinstreu sind ebenfalls ungeeignet.

Hier wurden zwei Gehege miteinander verbunden, sodass der Hamster sich auf einer Fläche von 200 x 60 cm austoben kann.

Blüten und Kräuter sind nicht nur interessant für deinen Hamster, sondern auch hübsch anzusehen.

Ein Bonbonglas kann als Gefäß für zusätzliches Buddelsubstrat dienen, hier Maisspindelgranulat.

In dieser Schale mit Kokoserde steht ein Keramikversteck als Rückzugsmöglichkeit.

	Vorteile	Nachteile
Normale Kleintiereinstreu	Für fast alle Hamster geeignet, günstig	Kann bei Teddyhamstern im langen Fell verfilzen
Einstreu mit extra großen Spänen (z. B. Allspan Xtreme)	Für alle Hamster geeignet, für viele Allergiker geeignet	
Hanfeinstreu		Härter als Kleintierstreu, Gänge halten ohne Heu nicht
Leinenstreu		Gänge halten ohne Heu nicht
Papiereinstreu	Für alle Allergiker geeignet	Unnatürlich, teuer
Baumwolleinstreu	Sehr weich	Weniger als Flächeneinstreu, eher als Nistmaterial geeignet
Kokoserde oder Terrarienerde	Kommt dem natürlichen Lebensraum sehr nahe	Schimmelrisiko, eher für Hamsterprofis und in bioaktiven Gehegen geeignet

Kleine Reinigung und großer Hausputz

Kleine Reinigung

Hamster sind in der Natur sehr reinliche Tiere. Auch in der Heimtierhaltung sind viele Hamster beinahe stubenrein. Sie haben im Gehege ein oder zwei feste Ecken, in die sie pinkeln. Diese Toilettenecken sollten regelmäßig gereinigt werden. Es reicht, die feuchte Einstreu durch frische zu ersetzen. Manche Hamster reinigen ihre Toilette sogar selbstständig. Dazu buddeln sie die feuchte Streu vom Haus weg, oberirdisch oder unterirdisch.
In die Toilettenecke kannst du auch einen kleinen Ecknapf mit Chinchillasand stellen. Nimmt dein Hamster diesen als Toilette an, ist die Reinigung für dich noch leichter. Nicht alle Hamster verstehen jedoch den Sinn solch eines Keramikgefäßes. Während manche die Schale zum Bunkern des Futters nutzen, verbuddeln andere sie tief unterm Haus in der Einstreu. Sollte dein Hamster Frischfutter bunkern oder sich irgendwo im Gehege die Köttel stapeln, kannst du diese ebenfalls von Zeit zu Zeit entfernen. Einzelne Köttel dürfen ruhig liegen bleiben. Sie trocknen schnell aus und dienen dem Hamster, der sich viel über seinen Geruchssinn orientiert, als Wegmarkierung.

Großer Hausputz

Bei groben Verunreinigungen und putzfaulen Hamstern ist es sinnvoll, zwei Mal im Jahr einen kleinen Teil der Einstreu (maximal ein Drittel) durch neue zu ersetzen. Von einer Komplettreinigung des Geheges ist dringend abzuraten. Sie würde für den Hamster einem Umzug in ein fremdes Gebiet gleichkommen und enormen Stress bedeuten. Findet das regelmäßig statt, können stressbedingte Krankheiten auftreten. Eine komplette Reinigung ist ausschließlich bei ansteckenden Erkrankungen oder Parasitenbefall notwendig.
Die meisten Hamstergehege riechen vor allem nach Holz, Heu und Kräutern. Zwerghamstermännchen haben manchmal einen stärkeren Eigengeruch, der von ihrem Duftsekret an den Bauchdrüsen herrührt. Hausputz hilft hier wenig. Häufige Gehegereinigungen verstärken den Markierdrang der Zwerge nur und damit auch die Geruchsintensivität - ein Teufelskreis.

Reinigungsmittel

Aggressive Reinigungsmittel können die Sinne des Hamsters reizen oder giftig sein. Am einfachsten und unbedenklichsten ist es, Hamsterzubehör mit Hitze zu desinfizieren. Dazu kannst du Gegenstände aus Holz, Metall, Glas, Ton oder Keramik für eine Stunde bei 100 Grad Celsius in den Backofen schieben. Was nicht in den Backofen passt und eine glatte Oberfläche hat, kann mit Essigessenz gereinigt und mit viel klarem Wasser nachgespült werden. Auch ein Dampfreiniger kann hier gute Dienste leisten. Raue Oberflächen lassen sich leider nicht so einfach desinfizieren. Bei besonders hartnäckigen Keimen oder Parasitenbefall sollte Zubehör, das nicht in den Backofen passt, vorsichtshalber entsorgt werden.

‹ Hamster sind von Natur aus reinliche Tiere.

^ Bei Verschmutzungen wird das Zubehör mit warmem Wasser und einer Bürste gereinigt.

‹ Hamster pinkeln gern in eine Ecktoilette oder Buddelkiste, die mit Chinchillasand gefüllt ist.

^ Die Hamsterköttel trocknen schnell und dienen dem Hamster als Wegmarkierung.

Inneneinrichtung für Hamster

Sandbad

Zusätzlich zur Einstreu wünscht sich dein Hamster auch ein Sandbad mit Chinchillasand. Sand für den Spielkasten, vom Strand oder für Vögel ist nicht geeignet. Sie enthalten scharfkantige Steinchen und Muschelsplitter, die Haut und Fell verletzen können. Chinchillasand dagegen besteht aus abgerundeten Körnern. Goldhamster nutzen den Sand besonders gerne zum Buddeln, daher empfiehlt sich hier eine große und tiefe Buddelkiste mit mindestens 20 – 25 cm Durchmesser bzw. Kantenlänge. Für Zwerghamster ist der Sand vor allem für die Fellpflege wichtig. Dazu wälzen sie sich im Sand, weshalb die Fläche hier entscheidender ist als die Tiefe. Auch bei den Zwergen gibt es Sandliebhaber, allen voran der Roborowski. Er möchte einen großen Sandbereich in seinem Gehege haben, der gerne ein Drittel der gesamten Grundfläche ausmachen darf. Bei Hamstern mit fettigem Fell können Badesand mit Attapulgit oder Sepiolith, Bimssteinsand oder tonhaltige Terrarienerden Abhilfe schaffen. Achtung: Attapulgit oder Sepiolith sind in der Hamsterhaltung umstritten, da sie Lungenkrankheiten hervorrufen können und als krebserregend gelten. Als Sandbad kannst du auch eine alte Auflaufform nutzen.

Laufrad

In der Natur laufen Hamster mehrere Kilometer pro Tag. Die Bewegung dient dabei nicht nur der Futtersuche, sondern auch dem Stressab-

Mini-Aquarien eignen sich gut als Buddelkiste für Chinchillasand oder andere Substrate.

Artgerechtes Hamstergehege

- Grundfläche ab 100 x 50 cm
- Mindestens 20 cm hohe Einstreu
- Großes Laufrad
- Buddelkiste mit Chinchillasand
- Schlafhaus mit mehreren Kammern
- Verstecke
- Wassernapf

Laufräder mit Korklaufband bieten ein natürliches Lauferlebnis.

Für Laufradpinkler empfiehlt sich ein leicht zu reinigendes Kunststofflaufrad.

bau. Daher braucht dein Hamster ein Laufrad, egal wie groß das Gehege ist. Dieses sollte eine ebene Lauffläche und keine Sprossen haben. Ein Schereneffekt, bei dem sich der Hamster zwischen Lauftrommel und Standfuß einklemmt und verletzt, ist zu vermeiden. Das Laufrad muss groß genug sein, damit der Hamster mit geradem Rücken darin laufen kann. Das bedeutet: Je größer dein Hamster ist, desto größer muss auch sein Laufrad sein. Ist das Laufrad zu klein, können Rückenschmerzen, Buckel und andere Haltungsschäden entstehen. Pflegestellen empfehlen für Zwerghamster ein Laufrad ab 25 cm Durchmesser, für Goldhamster je nach Körpergröße ab 27 – 33 cm Durchmesser. Ein besonders natürliches Lauferlebnis bieten Holzlaufräder mit Korkeinlage. Für Laufradpinkler sind dagegen leicht zu reinigende Kunststofflaufräder empfehlenswert.
Im Handel sind auch Laufteller erhältlich, mit denen jedoch nicht jeder Hamster klarkommt. Im Auslauf können sie eine willkommene Abwechslung sein, sollten jedoch nicht als einziges Laufrad angeboten werden.

Schlafhaus

In der Natur verfügen Hamsterbauten über mehrere Kammern, mindestens aber drei: das Schlafzimmer, die Speisekammer und die Toilette. Diese sind durch Gänge miteinander verbunden, sodass der Hamster nicht an die Erdoberfläche gehen muss, um zwischen den Kammern zu wechseln. In der Heimtierhaltung

Ein zu kleines Laufrad kann den Rücken deines Hamsters kaputt machen.

Das Laufrad ist groß genug, wenn der Hamster mit geradem Rücken darin laufen kann.

wünscht sich der Hamster ebenfalls eine „Wohnung“ mit mehreren Zimmern. Spezielle Hamsterhäuser haben mehrere Kammern, sodass die Tiere Nest, Futterbunker und Klo voneinander trennen können.

Dunkel und ungestört Hamster schlafen bevorzugt in der Kammer, die am weitesten vom Hauseingang entfernt ist. Sie mögen es gerne dunkel, daher sollte nicht zu viel Licht ins Haus fallen. Häuser mit mehreren Eingängen sind für den Hamsterschlaf eher störend. Ratsam ist es außerdem, das Haus nicht einfach oben auf die Einstreu zu stellen, sondern es halbhoch in der Einstreu einzugraben. So kann dein Hamster auch leichter auf das Hausdach klettern. Das Dach des Hauses ist idealerweise abnehmbar, sodass du das Nest auf Urin und Frischfutterreste kontrollieren kannst, ohne es zu zerstören.

Keine Bodenplatte Nicht alle Hamster schlafen im bereitgestellten Haus, manche graben sich ihre eigenen Kammern unter dem Haus oder an einem anderen Ort in der Einstreu. Das Haus wird dennoch gerne als geschützte Eingangshalle für den Bau angenommen. Daher sollte es keine Bodenplatte haben, sondern nach unten offen sein. Falls dein Hamster den Hauseingang zubuddelt, brauchst du dir keine Sorgen zu machen. Das ist in etwa so, als würdest du Tür und Fenster schließen, wenn du schlafen gehst. Will der Hamster wieder aus dem Haus herauskommen, buddelt er den Durchgang einfach wieder frei.

Backentaschenkonform Hamster haben bekanntlich Backentaschen, die in gefülltem Zustand erstaunliche Ausmaße annehmen können. Um selbst dann noch ihr Haus betreten zu können, brauchen Zwerghamster Eingänge mit mindestens 5 cm Durchmesser, Goldhamster ein paar Zentimeter größer. Sind die Eingänge zu klein und versucht dein Hamster, sich dennoch durchzuquetschen, drohen Verletzungen.

Verstecke

Als Beutetier kann sich ein Hamster schnell erschrecken, beispielsweise durch laute Geräusche oder schnelle Bewegungen. Sicher fühlt er sich daher vor allem in einer Umgebung mit vielen Rückzugsmöglichkeiten. Dafür kannst du ihm verschiedene Verstecke anbieten, beispielsweise Korkröhren, Keramikverstecke, Grasnester oder selbst gebastelte Verstecke aus Holz. Viele Hamster freuen sich besonders über ein Versteck im Sandbad. Wie beim Haus auch, brauchen Verstecke einen ausreichend großen Eingang.

Häuser mit Eingang im Dach können ebenerdig in der Streu versenkt werden.

Ein Hamsterhaus sollte mehrere Kammern haben, um Nest, Futterbunker und Toilette trennen zu können.

Do!

Integriere viele verschiedene Verstecke ins Hamstergehege.

Keramikverstecke sind ein kühler Rückzugsort für heiße Sommertage.

Mit dicken Backen wird es bei diesem Keramikversteck eng für den Hamster.

Alle Durchgänge sollten groß genug sein, um mit dicken Backen hindurch zu passen.

Besonders die schreckhaften Roborowskis brauchen viele Versteckmöglichkeiten.

Korkröhren stellen ein natürliches Versteck dar.

Klopapier-iglu

selbst basteln

Mein Tipp

So ein Klopapier-iglu eignet sich super als Versteck in einer Transportbox. Da es so wenig wiegt, kann es den Hamster nicht einklemmen und verletzen.

Das brauchst du:

1 Klopapier, unbedruckt und unparfümiert oder recycelt
2 Luftballon
3 Schüssel mit Wasser
4 Leere Schüssel
5 Heizung
6 Schere

So wirds gemacht:

Aufpusten Puste den Luftballon auf die gewünschte Größe auf. Dein Iglu ist anschließend ungefähr halb so groß wie der Luftballon.

Stabilisieren Damit der Luftballon nicht umfällt, kannst du ihn in eine Schüssel stellen.

Mit Klopapier bedecken Befeuchte einzelne Klopapierblätter mit Wasser und lege sie nach und nach auf die obere Hälfte des Luftballons. Achte darauf, dass keine Löcher frei bleiben. Hülle die Luftballonhälfte in mehrere Schichten Klopapier ein.

Trocknen lassen Lege den Luftballon auf die Heizung und lasse ihn 2–3 Tage trocknen. Ohne Heizung kann es länger dauern, bis die Klopapierschichten durchgetrocknet sind.

Platzen lassen Wenn alles trocken ist, bringst du den Luftballon mit einer Nadel zum Platzen und entfernst die Luftballonreste aus der Klopapierschale.

Eingang Schneide mit einer Schere einen Eingang in die Klopapierschale. Achte darauf, dass sie für deinen Hamster groß genug ist. Zwerghamster brauchen mindestens 5 cm Durchmesser, Goldhamster ein paar Zentimeter mehr.

Zwei auf einmal Du kannst auch den kompletten Luftballon mit Klopapier einhüllen. Wenn du nach dem Trocknen die Klopapierkugel in der Mitte durchschneidest, hast du zwei Iglus.

Sicherheit im Gehege

Fallhöhe

Hamster klettern manchmal gerne, aber leider nicht besonders gut. Zudem sind die Bodenbewohner „höhenblind". Das heißt, sie können Höhen nicht abschätzen und auch ansonsten nicht besonders gut sehen. Sie orientieren sich vor allem über Geräusche, Gerüche und ihre Tasthaare. So kommt es, dass Hamster, die mit viel Mühe irgendwo hinaufgeklettert sind, sich möglicherweise einfach fallen lassen. Andere stürzen noch während des Hinaufkletterns ab. Um Verletzungen zu vermeiden, ist daher auf eine geringe Fallhöhe zu achten. Einige Pflegestellen empfehlen hier maximal 10 – 15 cm.

Eine Korkröhre kann prima zum Klettern dienen und ist mit ihrer geringen Höhe unbedenklich.

Die tollpatschigen Bodenbewohner plumpsen leicht von Ebenen und Verstecken herunter.

Schwere Keramikverstecke sollten auf einer Ebene stehen, um nicht in der Streu abzusacken.

Auch unter Laufrad und Sandbad ist eine Ebene empfehlenswert, um den Hamster zu schützen.

Absacken

Wenn Hamster sich unter Gegenständen hindurch graben, können diese Gegenstände absacken. Großes und schweres Zubehör (Sandbad, Laufrad, Schlafhaus) kann den Hamster dabei einklemmen oder verletzen. Daher ist es empfehlenswert, diese Gegenstände gegen Absacken zu schützen. Dafür bieten sich zwei einfache Möglichkeiten an: Stelle das Sandbad beispielsweise auf einen umgedrehten Blumentopf oder eine kleine Ebene. Ebenen sind in Onlineshops erhältlich oder können selbst gebaut werden.

Ebenen schaffen In einem Gehege mit Ebenen richten sich Hamster gerne eine Schlafkammer unter einer der Ebenen ein. Für den Hamster ist es dort scheinbar besonders gemütlich. Für uns Menschen ist diese Wahl des Schlafplatzes allerdings etwas unpraktisch. Mit einem Brett direkt über dem Nest des Hamsters kannst du nicht sehen, ob Futterreste oder Urin entfernt werden müssen. Wenn du die Ebene hochnimmst, fällt dabei leicht das gesamte Nest in sich zusammen. Clever ist es daher, die Ebene verkehrt herum ins Gehege zu stellen. Das Brett liegt dann auf dem Gehegeboden auf, die Beine ragen in die Luft. Wenn du ein zweites Brett lose auf die Beine legst, hast du eine stabile Ebene für Laufrad und Sandbad, die du bei Bedarf anheben kannst. Beim Schlafhaus solltest du unbedingt darauf achten, dass es nicht auf einer geschlossenen Fläche steht. Hier kannst du auch Stelzen direkt an die Hauswände leimen.

Mein Tipp

Ebenen, bei denen die Füße nach oben zeigen, ermöglichen eine ungehinderte Nestkontrolle ohne Einsturzgefahr.

Auslauf und Beschäftigung

→ Manche Hamster sind mit dem Platzangebot ihres Geheges vollauf zufrieden, andere wiederum können gar nicht genug Platz bekommen. Für Abwechslung, Beschäftigung und mehr Bewegung bietet sich ein Auslauf an. Dieser sollte mindestens so groß wie das Gehege sein, größer geht natürlich immer.

Eine sichere und einfache Auslaufmöglichkeit stellen vier Holz- oder Plexiglasplatten dar, die an den Ecken miteinander verbunden sind. Die Platten sollten mindestens 50 cm hoch sein, denn manche Hamster sind wahre Ausbruchskünstler. Als Unterlage eignen sich beispielsweise PVC, Rollkork oder eine Hanfmatte. Falls du ein hamstersicheres Zimmer ohne Schlupflöcher, offene Kabel oder erreichbare Steckdosen hast, kannst du deinen Hamster auch frei im Zimmer laufen lassen – natürlich nur unter Aufsicht.

Do!

Lässt dein Hamster sich nicht gerne hochheben, kannst du ihn mit einem „Hamstertaxi“, zum Beispiel einem Messbecher, zum Auslauf transportieren. Er klettert in den Behälter, du trägst ihn darin.

Abwechslung

Im Auslauf kannst du deinem Hamster wechselnde Beschäftigungsmöglichkeiten anbieten: Buddelkisten, verschiedene Laufräder, Brücken, Tunnel, Verstecke und vieles mehr. Mindestens ein Rückzugsort mit Nistmaterial sollte vorhanden sein, ebenso ein Napf mit frischem Wasser und ein wenig Futter. Auch Intelligenzspielzeug, Klicker-Training und Agility-Parcours können für manche Hamster interessant sein.

Auslauf im Freien

Ob Garten, Terrasse oder Balkon – Auslauf im Freien ist für Hamster keine gute Idee. Das Immunsystem der kleinen Haustiere ist an ein Leben in der freien Natur nicht mehr gewöhnt. Draußen warten giftige Pflanzen und Insekten, Keime und Parasiten auf die unvorbereiteten Nager. Wilde Nagetiere und Vögel können Krankheiten übertragen. Auch Fressfeinde lauern in unseren Gärten und Höfen. Greifvögel interessieren sich für Hamster, ebenso wie Nachbars Katze. Nicht zu unterschätzen ist auch das Wetter. Dem Hamster wird es schnell zu kalt oder zu heiß, selbst wenn die Temperaturen für uns Menschen noch angenehm sind. Auslauf im Freien stellt daher ein zu großes Risiko dar und sollte vermieden werden.

< Mit einem „Hamstertaxi" gelingt der Transport zum Auslauf spielend leicht.

∨ Manche Hamster können sich für Intelligenzspielzeug begeistern.

∧ Buddelkisten mit Substrat sorgen für Beschäftigung.

< Der Auslauf sollte ausbruchssicher und interessant sein.

Knabberrollen

selbst machen

Do!

Biete die Knabberrolle nicht zusätzlich, sondern anstelle der täglichen Futterration an.

Das brauchst du:

1. Klopapierrollen, unbedruckt
2. Buchweizenmehl
3. Wasser
4. Hamsterfutter
5. Blüten
6. Backblech mit Backpapier
7. Backofen

So wirds gemacht:

Schritt 1 Buchweizenmehl und Wasser zu einer klebrigen Mischung verrühren.

Schritt 2 Klopapierrollen erst im Buchweizenkleber wälzen, dann mit dem Hamsterfutter panieren. Wenn du deinem Hamster mehr Abwechslung bieten möchtest, kannst du auch noch Blüten, Nüsse, Kerne oder andere Leckerli unter das Futter mischen.

Schritt 3 Knabberrollen aufrecht auf ein Backblech mit Backpapier stellen, eine Stunde lang bei 100 Grad im Backofen trocknen und anschließend gut abkühlen lassen.

Mein Tipp

Statt Klopapierrollen kannst du auch kleine Holzstücke von Hasel, Apfelbaum oder Birke nehmen. So kannst du deine eigenen Knabberstangen herstellen.

Hamster

verstehen und gut versorgen

Die Körpersprache des Hamsters

Markieren Zum Markieren ihres Territoriums reiben Goldhamster und Chinesische Streifenhamster ihre Flanken an Gegenständen, andere Zwerghamster hingegen ihren Bauch. Dort befinden sich ihre Duftdrüsen. Ein solches Verhalten lässt sich vor allem während des Auslaufs oft beobachten.

Niesen oder Schnuffeln Einzelne Nieser oder schnuffelnde Geräusche sind in der Regel kein Anzeichen für eine Erkältung. Diese erkennt man eher an anhaltenden Beschwerden, Flankenatmung oder knackenden Atemgeräuschen. In einem solchen Fall solltest du deinen Hamster sofort zu Tierärzt:innen bringen, da eine Erkältung bei den Nagern schnell zu einer Lungenentzündung führen kann. Schnuffeln zeigt hingegen, dass dein Hamster gerade aufgeregt ist, entweder neugierig oder genervt. Manchmal hat er beim Buddeln aber auch nur Staub in die Nase bekommen oder sich beim Trinken verschluckt. Dann wird ein paar Mal kräftig geniest und die Nase ist wieder frei.

Ohren anlegen Hamster können ihre Ohrmuscheln bewegen. Bei lauten Geräuschen legen sie die Ohren an, beim Schlafen falten sie sie sogar zusammen. Entdeckst du deinen Hamster mit gefalteten Ohren im Gehege, ist er gerade erst aufgestanden und noch müde. Vielleicht möchte er auch direkt wieder schlafen gehen und wollte nur kurz einen Schluck trinken. Jetzt ist also nicht die richtige Zeit, um ihn aus dem Gehege zu nehmen oder in den Auslauf zu setzen. Hat dein Hamster seine Ohren immer angelegt, ist ein Besuch bei Tierärzt:innen ratsam, um ein gesundheitliches Problem auszuschließen. Denn auch Ohrenschmerzen, permanenter Stress oder Angst können dazu führen, dass dein Hamster seine Ohren angelegt lässt.

Geduckt oder buckelig laufen Normalerweise laufen Hamster in einer entspannten Körperhaltung. Drückt dein Hamster sich eng auf den Boden, fühlt er sich unsicher oder ängstlich. Ist er eher hochbeinig oder buckelig unterwegs, kann das ein Anzeichen von starken Schmerzen sein. Dann solltest du ihn schnellstmöglich tierärztlich untersuchen lassen. Durch zu kleine Laufräder oder im Alter bekommen viele Hamster ebenfalls einen Buckel.

Mein Tipp

Da Hamster unsere Sprache nicht sprechen, ist es hilfreich, wenn du ihre Körpersprache verstehst. So kannst du Langeweile, Stress oder Krankheit schneller erkennen.

Dieser Hamster ist neugierig, seine Ohren sind aufgestellt.

Hier guckt der Hamster ängstlich, seine Ohren sind angelegt.

Dieser Zwerghamster krümmt sich vor Schmerzen.

Die Duftdrüsen sind feucht, weil er viel markiert hat.

> Kommt dein Hamster zur Gehegetür oder -vorderseite, ist er an dir interessiert.

∨ Hamster putzen sich auch dann, wenn sie nicht wissen, was sie tun sollen (Übersprungshandlung).

∧ Wenn Finger lecker riechen, werden sie schon einmal auf Essbarkeit überprüft.

> Dieser Hamster möchte in Ruhe gelassen werden und ist angriffsbereit.

Do!

Händewaschen vorm Hamsterkontakt beseitigt Keime und Essensgerüche.

Am Gitter knabbern oder klettern Einem Hamster, der am Gitter nagt oder klettert, ist beispielsweise langweilig. Werden Hamster in zu kleinen Gehegen gehalten, kann das Gitterknabbern sogar zu einer stereotypischen Verhaltensstörung werden.

Erstarren Erstarrt dein Hamster mitten in der Bewegung, hat er etwas gehört oder gesehen, was ihn irritiert. Er verharrt so lange in Schockstarre, bis er sich sicher ist, dass keine Gefahr droht. Weibchen können in ihren fruchtbaren Tagen auch bei Berührung am Rücken erstarren. Das nennt sich Deckstarre. Lass deiner Hamsterdame die Zeit, die sie braucht, bis sie sich wieder normal bewegt.

Drohgebärden Mit den Zähnen zu klappern, zu grunzen oder kurz zu quietschen, ist eine Warnung deines Hamsters. Wirft er sich auf den Rücken, reißt die Vorderbeine hoch oder das Maul auf, ist er zum Angriff bereit. In allen Fällen möchte er in Ruhe gelassen werden. Akzeptierst du das nicht, kann es sein, dass dein Hamster dich beißt.

In den Finger zwicken Gelegentlich zwicken Hamster mehr oder weniger vorsichtig in unsere Finger, um zu prüfen, ob sie essbar sind. Das passiert vor allem dann, wenn deine Hände nach Essen oder Schweiß riechen. Vor dem Hamsterkontakt Hände zu waschen, kann helfen – auch gegen Krankheitserreger.

Körpersprache und ihre Bedeutung

Am Gitter nagen/klettern Langeweile

Niesen oder Schnuffeln Aufregung (positiv wie negativ), manchmal auch Staub in der Nase

Flankenatmung Anstrengung, Schmerzen, Atemwegserkrankung

Ohren kurzzeitig anlegen Umgebungsgeräusche zu laut

Ohren anhaltend angelegt Schmerzen, Stress, Angst

Ohren ineinander gefaltet Hamster ist müde, verschlafen

Auf den Boden drücken Angst, Unsicherheit

Hochbeinig oder buckelig laufen Schmerzen

Mitten in Bewegung erstarren Schockstarre, Angst, Unsicherheit

Weibchen erstarrt bei Berührung und streckt Schwänzchen in die Luft Deckstarre, nur bei Weibchen

Mit den Zähnen klappern Drohung, Warnung

Grunzen (Goldhamster) oder leichtes/kurzes Quietschen (Zwerghamster) Beschwerde

Schreien Abwehrreaktion

Auf die Hand pinkeln oder kötteln Abwehrreaktion

Vorderbeinchen hochhalten und Maul öffnen Angriffsstellung

In den Finger zwicken Prüft, ob die Hand essbar ist

Flanken an Gegenstand reiben (Goldhamster) Territorium markieren

Bauch über Gegenstand reiben (Zwerghamster) Territorium markieren

Stress für Hamster

Aufwecken und Lärm

Hamster haben einen anderen Tagesrhythmus als Menschen. Da sie überwiegend dämmerungs- und nachtaktiv sind, bekommen wir sie tagsüber eher selten zu sehen. Hin und wieder huscht zwar doch mal ein Hamster durch das Gehege, meist wollen sie aber nur kurz etwas trinken, essen oder auf die Toilette gehen. Danach verkrümeln sie sich wieder in ihr Nest und schlafen bis zum Abend weiter, ehe sie richtig aktiv werden.

Mit seinem Lieblingsleckerli vergisst der Hamster leicht, dass die Hand eigentlich unsicheres Terrain ist.

Aufstehzeit

Jeder Hamster hat seine eigene Aufstehzeit. Manche wuseln schon um 18 Uhr umher, andere lassen sich vor Mitternacht nicht blicken. Einen Hamster zu wecken, bedeutet für diesen immensen Stress. Wird ein Hamster häufig geweckt, kann er sogar aggressiv oder krank werden. Daher solltest du deinen Hamster immer ausschlafen lassen. Die richtige Zeit für Nestkontrolle und -reinigung ist daher, wenn dein Hamster wach ist. In der Nähe des Hamstergeheges leise Musik zu hören oder sich zu unterhalten, ist völlig in Ordnung. Laute Musik, Lärm, starke Vibrationen oder schreiende Kinder bedeuten hingegen Stress.

Anfassen und Festhalten

Da Hamster von Natur aus Beutetiere sind, verbinden sie Körperkontakt instinktiv mit Angriff und Lebensgefahr. Die meisten mögen es daher nicht besonders gerne, angefasst zu werden. Besonders stressig ist es für den Hamster, ihn mit der Hand von oben zu packen, da Fressfeinde in der Natur vor allem von oben angreifen. Manche Hamster fassen mit der Zeit Vertrauen und klettern von sich aus auf die menschliche Hand. Unsichere Tiere lassen sich manchmal mithilfe von Leckerli auf die Hand locken. Ist ein Hamster dazu in der Laune, lässt er sich auch hochnehmen, indem du deine Hände von links und rechts seitlich unter ihn schiebst. Hüpft er dabei weg, möchte er gerade nicht auf deine Hand.

Mit Geduld und Training lernt dein Hamster nach und nach, dass er dir vertrauen kann.

Festhalten vermeiden

Berührungen wie Streicheleinheiten lassen nur wenige Hamster über sich ergehen. Sie gegen ihren Willen festzuhalten, umzudrehen oder herumzutragen, empfinden die Bodenbewohner als puren Stress. Insbesondere bei Kindern, deren Feinmotorik sich noch in der Entwicklung befindet, ist Vorsicht geboten. Wird ein Hamster eingequetscht oder stürzt ab, kann das schlimme Verletzungen zur Folge haben. Gleiches gilt für das Packen und Hochnehmen im Nackenfell, was zu Blutergüssen und eingerissenen Backentaschen führen kann. Tierärzt:innen wenden daher den sogenannten Rucksackgriff an, wenn sie Hamster für die Untersuchung fixieren müssen. Dabei greifen die Finger so um den Hamsterkörper, dass er sich nicht mehr bewegen kann, er aber auch nicht verletzt wird. Frag beim nächsten Praxisbesuch, ob sie dir den Griff zeigen können, damit du ihn selbst anwenden kannst.

Hamster am Rückenfell hochzuziehen, ist schmerzhaft und kann zu Verletzungen der Backentaschen führen.

Sitz dein Hamster auf deiner Hand, sichere ihn immer mit der anderen Hand ab, falls er herunterspringen möchte.

für Kids

Hamster-Führerschein

Teste dein Wissen

So sind Hamster! Sie sind Fluchttiere, leben als Einzelgänger und graben Baue unter der Erde. Und am liebsten essen sie Körner, Samen, Kräuter, Blüten, Gemüse und Insekten.

Verstehst du deinen Hamster?

1. Wo findest du einen passenden Hamster?
a) Im Tierheim
b) In einer Pflegestelle
c) Im Zoofachhandel

2. Wie möchte ein Hamster leben?
a) Allein
b) Zu zweit
c) In einer Gruppe

3. Wann sind Hamster wach?
a) Vormittags
b) Nachmittags
c) Abends und nachts

4. Was dürfen Hamster nicht fressen?
a) Süßes Obst und Honig
b) Kerne und Samen
c) Kräuter und Blüten

5. Wie muss das Gehege gereinigt werden?
a) Regelmäßig komplett
b) Nur die dreckigen Ecken
c) Gar nicht

6. Wo kannst du gutes Zubehör kaufen?
a) Im Supermarkt
b) Im Zoofachhandel
c) Im Internet

7. Was denkt ein Hamster, wenn du ihn am Rücken streichelst?
a) Ich habe dich lieb
b) Ich habe Hunger
c) Hilfe, ein Angriff!

8. Was ist wichtig, damit dein Hamster dir vertraut?
a) Nicht wecken
b) Oft miteinander kuscheln
c) Viel miteinander spielen

9. Was denkt der Hamster, wenn er an deinem Finger knabbert?
a) Ich habe dich zum Fressen gern.
b) Oh, ist das vielleicht etwas zu essen?
c) Lass mich in Ruhe!

10. Wo bekommt dein Hamster Auslauf?
a) In einem gesicherten Bereich in deiner Wohnung
b) In einem Freilauf im Garten
c) Mit einer Leine auf der Straße

Lösung: 1. b) 2. a) 3. c) 4. a) 5. b) 6. c) 7. c) 8. a) 9. b) 10. a)

Ist dein Hamster gesund?

⟶ Hamster können Krankheitsanzeichen lange verbergen. Sie holen weiterhin ihr Futter ab und kontrollieren ihr Revier. Sieht ein Hamster krank aus, ist die Krankheit meist schon weit fortgeschritten. Daher ist es sehr wichtig, dass du deinen Hamster ganz genau beobachtest, um erste Anzeichen möglichst früh zu erkennen.

Kot und Urin richtig deuten

Normaler Kot Hamsterköttel haben meist die Form eines Reiskorns, manchmal auch etwas rundlicher. Sie sind dunkelbraun und können in der Größe stark variieren, je nach Größe des Hamsters. Bekommt ein Hamster zu viel Frischfutter oder ist noch nicht daran gewöhnt, können die Köttel matschig werden.

Durchfall Richtiger Durchfall oder blutiger Kot können für deinen Hamster lebensgefährlich sein, weshalb du ihn in solchen Fällen sofort zu Tierärzt:innen bringen solltest. Für Verdauungsprobleme können neben Stress und Infektionskrankheiten auch Darmparasiten, die sich übermäßig vermehren, verantwortlich sein.

Urin Hamsterurin sieht im Grunde aus wie Menschenurin: Klar und leicht gelblich. Durch proteinreiche Ernährung kann sich der Urin trüben, durch Karotte oder Rote Bete im Futter orange oder pink färben. Wie viel ein Hamster pro Tag trinkt, hängt davon ab, ob er zusätzlich zum Wassernapf noch Frischfutter angeboten bekommt und wie viel er davon auch tatsächlich frisst. Zudem verdunstet immer auch ein Teil des Wassers. Daher ist nicht nur die Menge des aufgenommenen Wassers, sondern auch die Menge des Urins ein hilfreiches Kriterium für Erkrankungen. Solltest du den Eindruck haben, dass dein Hamster außergewöhnlich viel trinkt oder pinkelt, lass seinen Urin tierärztlich untersuchen.

Ist dein Hamster gesund?

- Augen, Ohren und Nase sind sauber.
- Die Zähne sind gerade und gelblich.
- Die Krallen behindern den Hamster nicht.
- Die Haut ist weder gerötet noch schuppig.
- Es gibt keine sichtbaren Verletzungen oder Verformungen.
- Das Fell ist dicht und glänzend.
- Urin und Kot sind unauffällig.
- Der Hamster frisst regelmäßig und hält sein Gewicht.

Do!

Wiege deinen Hamster regelmäßig, um Krankheiten frühzeitig erkennen zu können. Um deinen Hamster zu wiegen, setzt du ihn am besten in ein großes Gefäß, das du dann auf eine digitale Küchenwaage stellst. So kann er dir nicht von der Waage springen.

Essverhalten

Hamster essen nur einen Teil der Nahrung, die sie einsammeln. Der Rest wird gehamstert, also in einem Futterbunker versteckt und für schlechte Zeiten aufgehoben. In der Natur ist das die Winterzeit. In der Heimtierhaltung ist ein solcher Vorrat zwar nicht überlebensnotwendig, gibt dem Hamster aber ein Gefühl von Sicherheit. Sollte dein Hamster plötzlich sein Ess- oder Hamsterverhalten ändern, kann das ein Anzeichen für Stress oder Krankheit sein. Eine tierärztliche Untersuchung kann Klarheit schaffen. Hamster, die nicht mehr fressen, gasen sehr schnell auf. Hier ist also Eile geboten.

Gewicht

Um zu überprüfen, ob dein Hamster wie gewohnt frisst, ist es hilfreich, ihn einmal pro Woche zu wiegen. Schwankungen von wenigen Gramm sind bei Hamstern normal, denn ihre Backentaschen sind selten ganz leer. Nimmt dein Hamster jedoch in kurzer Zeit viel ab oder zu, ist er vermutlich krank.

Idealgewicht Ein Idealgewicht ist schwer auszumachen, da selbst innerhalb einer Art die Individuen unterschiedlich lang werden können. Goldhamster wiegen meist zwischen 80 und 160 Gramm, Zwerghamster zwischen 30 und 50 Gramm. Es gibt jedoch auch besonders kleine oder große Tiere, die außerhalb dieses Rahmens liegen und trotzdem ein gesundes Körpergewicht aufweisen. Zu dick sind die Tiere, wenn selbst beim Strecken keine Taille mehr erkennbar ist. Sieh dir dazu auch die Grafik auf Seite 80 an. Zu dünn sind sie, wenn deutlich Knochen oder ein Hohlkreuz zu erkennen oder zu ertasten sind. Bist du dir unsicher, ob dein Hamster ein gesundes Gewicht hat, frag deine Tierärzt:innen.

Ein Messbecher eignet sich hervorragend, um deinen Hamster auf einer digitalen Küchenwaage zu wiegen.

Wöchentlicher Hamster-Check

Nimm dir mindestens einmal in der Woche etwas Zeit, um deinen Hamster genau zu untersuchen. So erkennst du Krankheiten.

Augen 1

Hamster haben große schwarze Knopfaugen. Bei Goldhamstern und Campbells gibt es auch Farbschläge, die braune, dunkelrote oder leuchtend rote Augen haben. Die Augenfarbe ist für die Augengesundheit jedoch zweitrangig. Rote Augen sind empfindlicher gegenüber Licht und Sonnenstrahlen. Bei dämmerungsaktiven Haustieren sollte das jedoch kein Problem darstellen. Vielmehr ist darauf zu achten, dass die Augen sauber sind, nicht milchig, eitrig oder krustig. Augäpfel und Augenlider sollten gleichmäßig und ohne erkennbare Verletzungen sein.

Ohren 2

Bei einem gesunden Hamster sind die Ohren im wachen Zustand vollständig entfaltet, aufgestellt, rund und innen rosa. Je nach Farbschlag können die Ohrmuscheln weiß, rosa, hellgrau, dunkel oder gefleckt sein. Sind die Ohren dreckig, gerötet oder blutig, sollten sie sofort tierärztlich untersucht werden.

Nase 3

Die Nase ist beim Hamster ebenfalls rosa. Eine stark gerötete Nase deutet auf eine Reizung oder Infektion hin. Eine zu blasse Nase kann hingegen ein Anzeichen von Durchblutungsstörungen oder Flüssigkeitsmangel (Dehydration) sein. Im Bereich von Nase und Augen findet sich manchmal dunkelrotes Sekret, das aus der Harderschen Drüse kommt und zur Fellpflege dient. Für Laien ist es leicht mit angetrocknetem Blut zu verwechseln.

Zähne 4

Als Nagetier sind die Zähne für den Hamster das wichtigste Instrument. Mit ihnen knackt er Kerne, schält Rinde von Ästen und zerkleinert seine Nahrung, sodass sie in seine Backentaschen passt und in den Bau transportiert werden kann. Zahnprobleme sind für Hamster daher eine ernste Angelegenheit und sollten schnellstmöglich tierärztlich behandelt werden. Gesunde Hamsterzähne sind gelblich, größtenteils gerade und unten etwa doppelt so lang wie oben. Sollten die Zähne deines Hamsters einmal gekürzt werden müssen, dann achte darauf, dass sie nicht geschnitten, sondern geschliffen werden. Sie können sonst kaputt gehen.

Gesunde Zähne

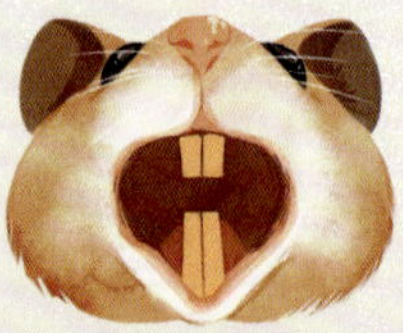
So sehen gesunde Hamsterzähne aus: Oben ein Drittel, unten zwei Drittel, gelblich.

Hier ist ein Zahn abgebrochen. Beobachte, ob der Zahn nachwächst.

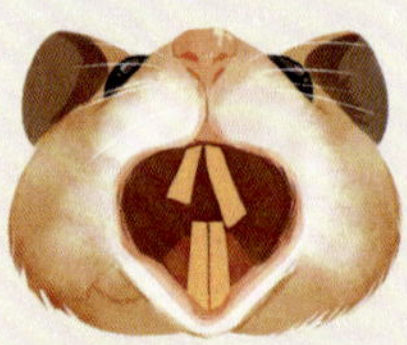
Fehlstellung der oberen Zähne. Hier müssen Tierärzt:innen ran!

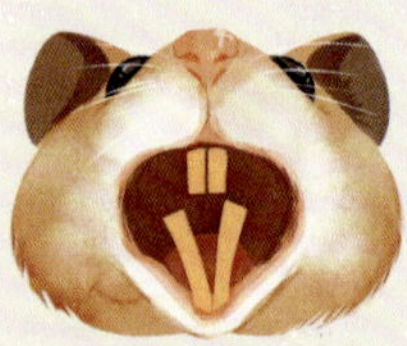
Fehlstellung der unteren Zähne. Auch das ist ein Fall für Tierärzt:innen!

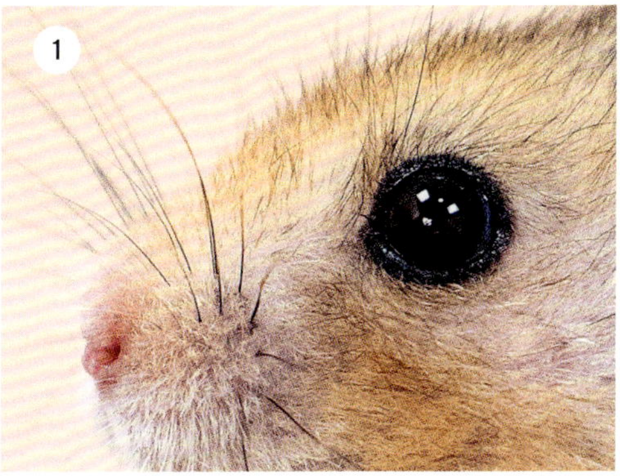
1

2

3

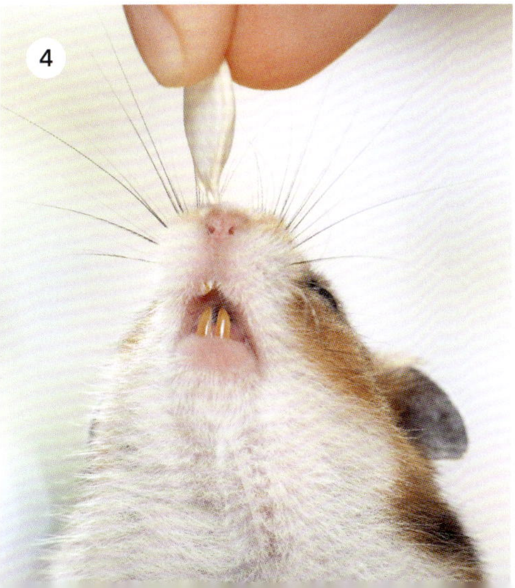
4

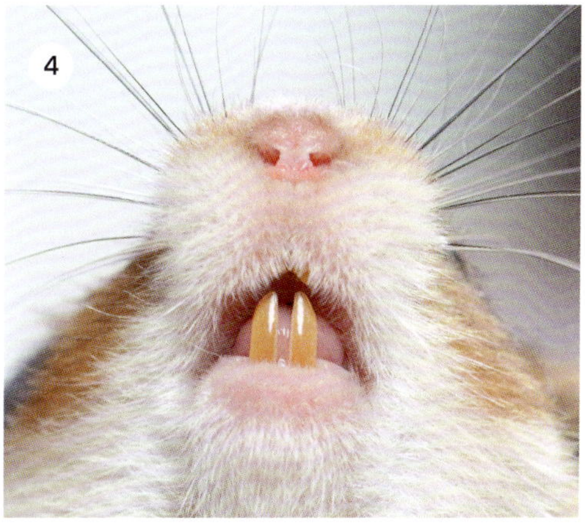
4

5

6

7

Haut und Fell 5

Je nach Farbschlag haben Hamster unter ihrem Fell helle, dunkle oder gescheckte Haut. Glatte Haut und dichtes Fell sind grundlegende Anzeichen für Gesundheit. Äußere Verletzungen, Beulen, Schuppen, Rötungen, kahle Stellen oder Parasiten sollten schnellstmöglich tierärztlich untersucht werden. Parasiten erkennst du meist daran, dass dein Hamster sich vermehrt kratzt. Oft nisten sich die Parasiten auch im Haus des Hamsters ein. Hier wimmelt es dann nur so vor kleinen Krabbeltierchen. Nicht alle Krabbler sind für den Hamster gefährlich. Es gibt auch harmlose Untermieter:innen, wie zum Beispiel die Staublaus. Andere, wie die Rote Vogelmilbe, beißen nicht nur den Hamster, sondern auch den Menschen. Bevor du in Panik verfällst, solltest du also zuerst sicher bestimmen (lassen), um welche Parasiten es sich handelt.

Krallen 6

Krallen braucht der Hamster vor allem zum Buddeln und für die Fellpflege. Beim Graben schaufelt er Erde oder Einstreu mit erstaunlichem Geschick und Tempo an seinem Körper vorbei. Bei der Körperpflege nutzt er die Krallen, um Dreck aus seinem Fell heraus zu kämmen. Bei manchen Hamstern kann es vorkommen, dass die Krallen übermäßig wachsen und den Hamster irgendwann behindern. Wenn die Zehen mitsamt Krallen nicht mehr gerade zum Boden ausgerichtet sind, sondern seitlich wegstehen, ist es Zeit, die Krallen kürzen zu lassen.

Duftdrüsen 7

An den Flanken der Goldhamster und Chinesischen Streifenhamster befinden sich ihre Duftdrüsen. Sie heben sich leicht von der umliegenden Haut ab, sind manchmal andersfarbig pigmentiert und direkt nach dem Markieren oft feucht. Regelrecht nass können sie aussehen, wenn dein Hamster sich gerade in der Pubertät befindet, ein neues Territorium bezogen hat oder sich einen Auslauf mit anderen Hamstern teilt (siehe Foto Seite 63). Anzeichen für Erkrankungen sind hingegen trockenschuppige, krustige oder blutige Duftdrüsen. Bei allen anderen Zwerghamstern befindet sich die Duftdrüse mittig am Bauch. Diese darf leicht feucht und das Fell drumherum gelblich verfärbt sein. Starke Verkrustungen des Markiersekrets im Fell können jedoch zu Verstopfung und Entzündung führen, besonders bei putzfaulen Hamstern.

Pediküre nötig?

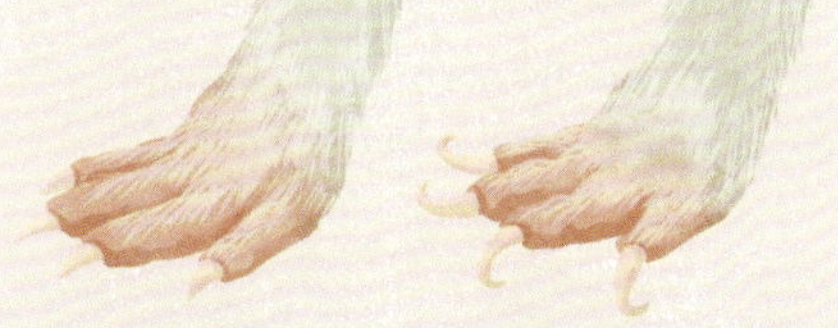

Diese Krallen haben eine gesunde Länge.

Zu lange Krallen führen zu schiefen Zehen.

Mein Tipp

Verkrustete Duftdrüsen bei Zwerghamstern kannst du vorsichtig mit einem feuchten Wattestäbchen reinigen.

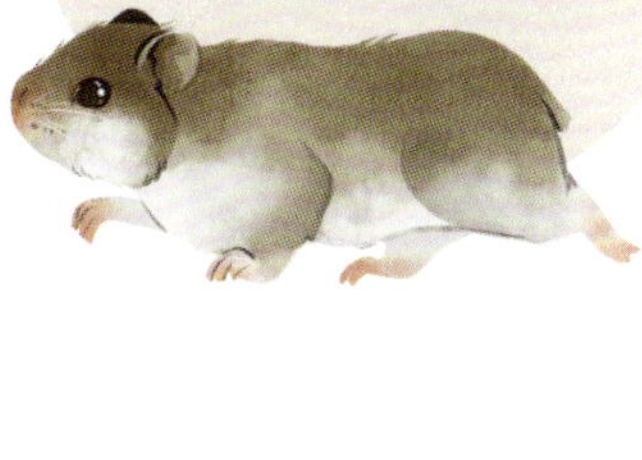

Phantom-Hamster

→ Plötzliche Verhaltensänderungen und verminderte Aktivität können ein Anzeichen von Unwohlsein oder Krankheit sein. Nicht immer sind Krankheiten mit bloßem Auge sichtbar. Im Gegensatz dazu gibt es aber auch Phantomhamster, die putzmunter sind, sich aber ungern zeigen.

Unsichtbar

Hamster, die sich so gut wie nie dem Menschen zeigen, werden auch Phantomhamster genannt. Sie warten in ihrem Nest, bis es im Zimmer dunkel und ruhig ist, bevor sie sich an die Oberfläche trauen. Das bedeutet jedoch nicht unbedingt, dass sie krank sind. Sie legen einfach keinen Wert auf menschliche Gesellschaft. Bei ihnen müssen mitunter Tricks angewendet werden, um den Gesundheitszustand kontrollieren zu können.

Daran erkannst du, ob dein Phantomhamster munter ist

- Ist das Trockenfutter größtenteils eingesammelt worden? Ein paar Reste, die dem persönlichen Hamstergeschmack nicht so zusagen, bleiben immer liegen.
- Wurde das Frischfutter von gestern Abend gegessen oder eingesammelt?
- Ist dein Hamster im Laufrad gelaufen? Wenn du abends ein Blatt Toilettenpapier oben auf das Laufrad legst und es auch am nächsten Morgen noch dort liegt, wurde das Laufrad nicht benutzt.
- Hat dein Hamster gebuddelt? Sehen die Oberflächen von Streu und Buddelkisten noch genauso aus wie am Vortag? Regelmäßig Fotos vom Gehege zu machen, erleichtert den Vergleich.
- Am besten lassen sich ein Phantomhamster und sein Gesundheitszustand aber mit einer Kamera beobachten. Dazu kannst du Haustier- oder Wildtierkameras mit Nachtsichtmodus verwenden. Lass die Kamera die ganze Nacht laufen oder aktiviere sie immer mal wieder über dein Handy. Die Videos lassen sich speichern und sind somit auch ein tolles Andenken an dein kleines Phantom.

Mein Tipp

Phantomhamster lassen sich gut mit einer Haustierkamera beobachten, die die ganze Nacht durchläuft. Bewegungssensoren reagieren bei Hamstern nicht immer zuverlässig.

Beim Strecken kannst du gut erkennen, ob etwas ungewöhnlich ist.

Buddelt dein Hamster in der Streu und sucht nach Futter?

Läuft der Hamster gewohnt sportlich im Laufrad?

Frisst dein Hamster und verhält sich auch sonst normal?

Einmal süße Hamsterbabys?

⟶ Eine typische Situation für eine Pflegestelle: Sie durchstöbert die Kleinanzeigen nach Hamstern und ihren Menschen, die Hilfe brauchen könnten. Bei einer Anzeige mit Hamsternachwuchs fragt sie nach: „Hast du ein schwangeres Weibchen gekauft?" „Nein, meine Kinder wollten gerne einmal Babys haben, weil die so süß sind. Wir brauchen keine Hilfe." Nach ein paar Wochen meldet sich die Person aus den Kleinanzeigen nochmal: „Könnt ihr mir bitte doch helfen? Ich habe den Papa von der Mama getrennt, aber sie hat nochmal Babys bekommen. Jetzt sind es zu viele und sie streiten sich. Ich weiß nicht, was ich tun soll."

Schnelle Vermehrung

Hamsterbabys sind zwar süß und winzig, aber das nicht lange. Die kleinen Tierchen haben einen erstaunlich schnellen Stoffwechsel.
Das bedeutet, dass sie sehr schnell erwachsen werden. Von den süßen Babys hat der Mensch also nicht lange etwas. Bereits mit vier Wochen können Hamster geschlechtsreif werden. Und bei der Partnerwahl sind sie nicht wählerisch. Sitzen sie ab diesem Alter noch in der Familie beisammen, kann es vorkommen, dass der Papa sich mit seinen Töchtern paart, die Mama mit ihren Söhnen oder die Geschwister sich untereinander.
Hamster sollten nicht einfach nach Lust und Laune verpaart werden. Die Tiere dürfen nicht zu jung und nicht zu alt sein. Es gibt Fellarten oder Farben, die sich nicht miteinander vertragen. Wird das nicht beachtet, kann der Nachwuchs mit Behinderungen oder tot geboren werden. Auch bei Hamstern gibt es Erbkrankheiten. Seriöse Zuchten verpaaren daher nur Tiere mit einem nachweislich gesunden Stammbaum. Für die Mama stellen Schwangerschaft und Geburt immer ein gesundheitliches Risiko dar. Deshalb brauchen schwangere und säugende Weibchen auch eine spezielle Futtermischung.
Wer in Deutschland Tiere züchten möchte, braucht eine amtliche Genehmigung und einen Sachkundenachweis über die Tierart. Der Sachkundenachweis bescheinigt die nötigen Kenntnisse über artgerechte Haltung, Ernährung, Gesundheit und Genetik.

Don't

Gerade weil es schon so viele Hamster gibt, die ein Zuhause suchen, sollte niemand absichtlich dazu beitragen, ihre Anzahl weiter zu erhöhen. Auch Tierheime und Pflegestellen haben ihre Grenzen.

Innerhalb von 10 Wochen können aus zwei Hamstern bis zu 58 werden.

Aus 1 und 1 wird 58

Das Beispiel von oben zeigt noch etwas anderes: Hamster werden nicht nur schnell erwachsen, sie bekommen auch schnell weiteren Nachwuchs und davon nicht wenig. Ein Hamsterweibchen ist etwa drei Wochen schwanger. Kurz nach der Geburt ist es bereits wieder empfänglich, kann also erneut schwanger werden. Ein Zwerghamster bekommt pro Wurf drei bis sieben Kinder, ein Goldhamster vier bis zehn. Bei guter Haltung und gutem Futter können es sogar noch mehr sein. Sitzen Männchen und Weibchen zusammen, können wir also eins und eins zusammenrechnen. Beispielrechnung für Goldhamster mit acht Jungtieren pro Wurf: Du kaufst zwei Hamster, ein Männchen und ein Weibchen. Nach drei Wochen sind aus zwei Hamstern zehn geworden. Nach sechs Wochen hat die Mama erneut Nachwuchs bekommen. Jetzt sitzen 18 Hamster im Gehege. Eine Woche später sind die Kinder aus dem ersten Wurf geschlechtsreif.

In der neunten Woche bringt die Mama ihren dritten Wurf zur Welt. 26 Hamster wohnen jetzt im Gehege. Eine Woche später werden die vier Töchter aus dem ersten Wurf ebenfalls Mutter. Im Gehege tummeln sich nun 58 Hamster. Die Kinder aus dem zweiten Wurf sind derweil geschlechtsreif geworden, weiterer Nachwuchs ist vielleicht schon unterwegs. Die Beispielrechnung zeigt, dass aus zwei Hamstern sehr schnell sehr viele Hamster werden können. Alle diese Hamster möchten allein und artgerecht leben. So viele Hamster kann aber kaum ein Mensch in seiner Wohnung unterbringen, zumindest nicht artgerecht.
Im Bekanntenkreis findet sich vielleicht eine Handvoll Leute, die einem Hamster ein schönes Zuhause geben. Über die Kleinanzeigen finden sich Menschen mit artgerechten Gehegen schon nicht mehr so leicht. Denn leider werden die Bedürfnisse des Hamsters immer noch von vielen unterschätzt. Was passiert also mit den restlichen 50 Hamstern?

Schwangeres Weibchen

Nicht immer ist Nachwuchs geplant. Manchmal kommt er auch ganz überraschend. Pflegestellen fragen nicht ohne Grund, ob jemand ein schwangeres Weibchen gekauft hat. Egal ob der Hamster im Zoofachhandel, in einer Hobbyzucht oder über die Kleinanzeigen gekauft wurde – erfahrungsgemäß ist es schon überall zu unerwartetem Nachwuchs gekommen. Warum ist das so?
Um Hamstermännchen und -weibchen auseinanderzuhalten, braucht es viel Erfahrung. Nur selten lassen sich die Hoden der Männchen deutlich erkennen. Zudem gilt: Je jünger der Hamster ist, desto schwieriger ist die Geschlechterbestimmung. Oft haben Menschen schlichtweg nicht ausreichend Erfahrung, um die Geschlechter zuverlässig zu trennen. So kommt es, dass hier mal ein Weibchen bei den Männchen sitzt oder dort mal ein Männchen bei den Weibchen. Manchmal sitzen auch alle zusammen, weil ihre Menschen einfach nicht wissen, wann Hamster geschlechtsreif werden.

Mein Tipp

Ein schwangeres Weibchen adoptieren? Das kann dir bei einer seriösen Pflegestelle nicht passieren. Denn hier bleiben Weibchen nach der Aufnahme erst einmal drei Wochen in einer Schwangerschaftsquarantäne. Erst danach dürfen sie in ein neues Zuhause ziehen.

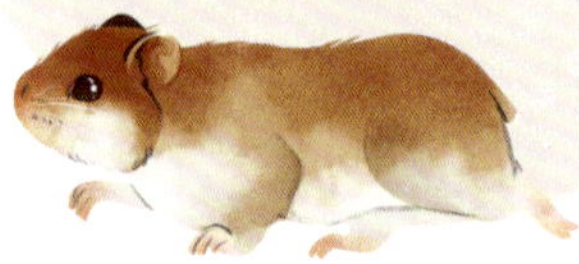

Jungtiere großziehen

Wenn du ungewollt mit Hamsternachwuchs konfrontiert bist, ist die Sorge verständlicherweise groß. Was sollst du nun tun? Was darfst du nicht mehr tun? Wie kannst du die Hamster-

Schwanger?

Dieser Hamster hat ein gesundes Gewicht und ist nicht (hoch-)schwanger.

Ist der Hamster vorne und hinten dick, hat er sehr wahrscheinlich Übergewicht.

Ist die Hamsterdame nur hinten prall, ist sie vermutlich schwanger.

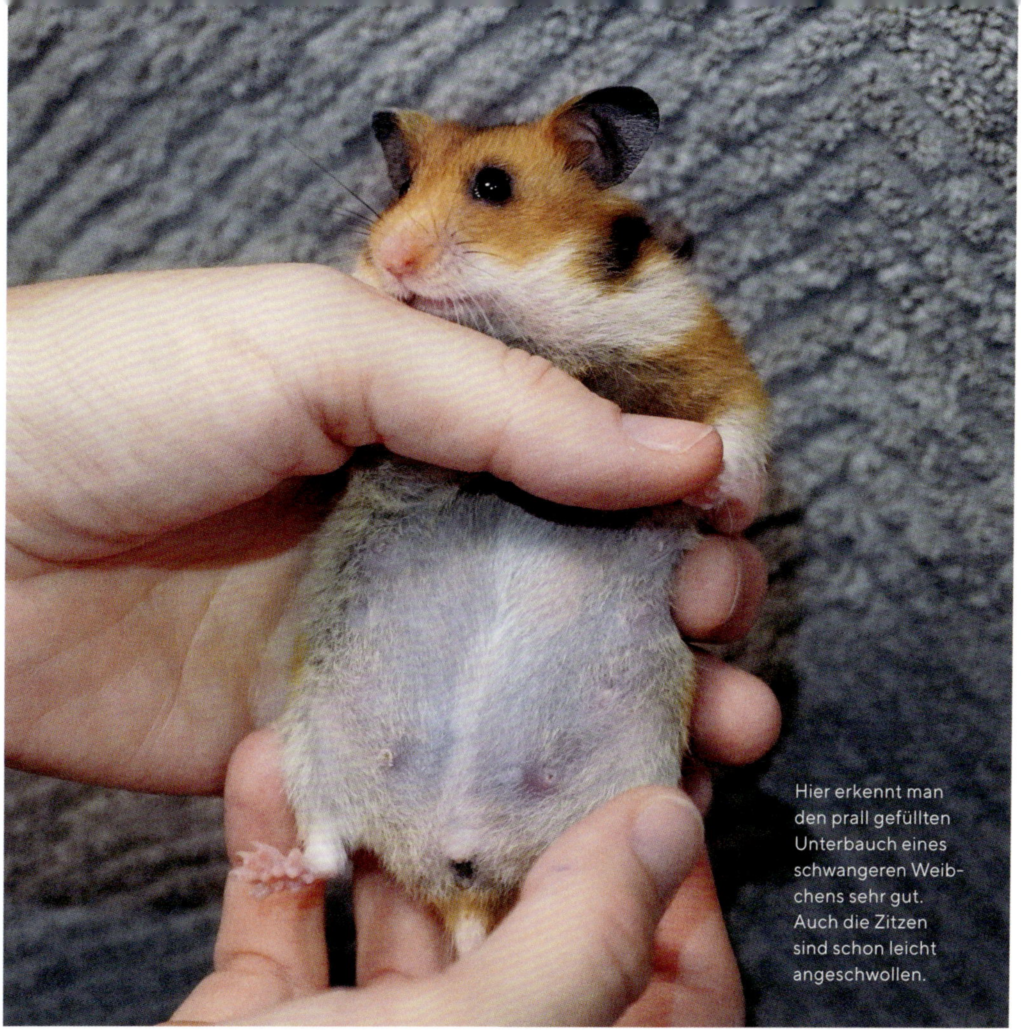

Hier erkennt man den prall gefüllten Unterbauch eines schwangeren Weibchens sehr gut. Auch die Zitzen sind schon leicht angeschwollen.

mama bei der Aufzucht ihrer Kinder optimal unterstützen? Zunächst einmal gilt es, Ruhe zu bewahren. Am besten nimmst du direkt Kontakt zu einer Pflegestelle auf. Dort kannst du dich umfassend beraten lassen und auch abklären, ob die Pflegstelle die Jungtiere übernehmen kann, sobald sie alt genug dafür sind. Ein paar Tipps zur Jungenaufzucht bekommst du auch schon hier.

Nicht anfassen

In den ersten Tagen darfst du die Kleinen auf keinen Fall anfassen. Die Mama sollte zudem nicht längere Zeit von den Babys getrennt werden, auch nicht für Auslauf. Sonst kann es passieren, dass die Mama die Babys verstößt. Lass die Hamsterfamilie am besten einfach so gut es geht in Ruhe. Wenn die Mama nicht gestresst ist, kannst du nach ein paar Tagen einen vorsichtigen Blick ins Nest wagen, um die Babys zu zählen. Sollte die Mama sie gut im Nistmaterial versteckt haben, musst du dich jedoch gedulden, bis die Kleinen älter sind.

Du kannst der Mama auch zusätzliches Nistmaterial (zum Beispiel unbedrucktes Klopapier) anbieten. Ansonsten sollte am Gehege nichts mehr verändert werden, bis die Kleinen das Nest verlassen. Wenn sie die ersten Erkundungstouren unternehmen, ist es an der Zeit, ein paar Vorsichtsmaßnahmen zu treffen. Den Wassernapf stellst du am besten erhöht, sodass die Kleinen nicht drankommen, reinfallen und ertrinken können. Übergangsweise kannst du auch den Deckel eines Schraubglases als Wasserschale anbieten, die sind sehr flach, sodass niemand darin ertrinken kann.

Laufrad und Wassernapf sollten in der Kinderstube erhöht platziert werden, damit sie den Kleinen nicht gefährlich werden können.

Schwangere Hamster und frisch gebackene Hamstermamas brauchen eine extra Portion Eiweiß.

Laufrad verbannen

Das Laufrad solltest du vorerst rausnehmen und der Mama nur unter Aufsicht reinstellen. Wenn die Kleinen ins Rad klettern und Mama Vollgas gibt, würden die Kleinen wie in einer Waschmaschine herumgeschleudert werden.

Eiweißreich füttern

Die Mama braucht für die Milchproduktion viel Eiweiß. Eine Extraportion davon kannst du ihr beispielsweise durch getrocknete Insekten oder Babygläschen geben (z. B. Rind pur oder Huhn pur). Aus den Babygläschen kannst du vermischt mit Schmelzflocken einen Päppelbrei anmischen, bei dem später auch die Babys mitnaschen können. Geeignet sind vor allem Breie für junge Babys. Achte auf die Zutatenliste auf der Rückseite. Geeignet sind zum Beispiel Karotte, Kürbis, Kartoffel, Pastinake, Süßkartoffel, Fenchel, Reis, Nudeln, Rind, Huhn oder Lachs. Unverträglich sind hingegen Gewürze, Salz, Zwiebeln, Lauch, Porree, Bohnen, Milchprodukte und exotische Früchte. Frischfutter kannst du in sehr kleine Würfel schneiden, damit es im Nest eher vertrocknet als verschimmelt. Außerdem können die Kleinen so recht früh schon daran knabbern. Vom Trockenfutter kannst du ruhig großzügig geben, damit bei der gefräßigen Bande niemand zu kurz kommt.

Jungtiere trennen

Mit etwa vier Wochen werden die Jungtiere geschlechtsreif. Jetzt ist der ideale Zeitpunkt, um die Jungtiere nach Geschlechtern zu trennen und in eine Pflegestelle umziehen zu lassen. Bei ausgewachsenen Männchen sind die Hoden oft gut zu erkennen.
Bei Hamsterkindern im Alter von vier Wochen ist das nicht immer der Fall. Allein darauf kannst du dich bei der Unterscheidung der Geschlechter also leider nicht verlassen.

Profis achten vor allem auf die Anzahl der Öffnungen im Genitalbereich und den Abstand zwischen ihnen: Harnweg, Darm und Vagina. Lass dir am besten von erfahrenen Personen helfen, bevor ein Fehler passiert und es noch einmal ungewollt zu Nachwuchs kommt. Ein falsch einsortiertes Hamsterkind genügt dafür schon.

Do!

Falls du ungeplant Hamsternachwuchs bekommen hast, melde dich am besten direkt bei einer Pflegestelle. Hier bekommst du kostenlose Beratung. Hat die Pflegestelle Platz, kann sie die Jungtiere im Alter von vier Wochen übernehmen.

Neugeborene Hamsterbabys sehen aus wie kleine rosa Gummibärchen.

Pflegestellen können dir bei ungeplantem Nachwuchs helfen und dich beraten.

Der Tierarzt-besuch

→ Hamster können nicht reden, um uns mitzuteilen, ob es ihnen schlecht geht. Dazu kommt, dass sie in der Natur Krankheitsanzeichen möglichst lange unterdrücken, um von Fressfeinden nicht als leichte Beute erkannt zu werden. Das führt dazu, dass auch wir Menschen ihre Symptome erst dann bemerken, wenn die Krankheit bereits weit fortgeschritten ist. Dann heißt es, den Hamster so schnell wie möglich zu Tierärzt:innen bringen.

Don't

Lass deinen Hamster nicht unnötig leiden. Lass ihn bei ersten Krankheitszeichen sofort tierärztlich untersuchen.

Wann zum Tierarzt?

Egal ob Atemprobleme, plötzlicher Gewichtsverlust oder nur eine vermeintlich harmlose Augenentzündung – kein Tier sollte unnötig leiden. Erstmal ein paar Tage abzuwarten und darauf zu hoffen, dass es von allein besser wird, ist meist die falsche Entscheidung. Mitunter verschlimmert sich der Zustand des Tieres und ab einem gewissen Punkt kommt jede Hilfe zu spät. Auch wenn dein Tier bereits im Sterben liegt, kann ein Besuch bei Tierärzt:innen eine gute Idee sein, damit es nicht unnötig lange leidet.

Beim Handling erkennst du schnell, ob die Tierärzt:innen hamstererfahren sind oder nicht.

Tierärzt:innen für Kleinsäuger haben oft auch extra kleine Untersuchungsgeräte.

Tierärztlicher Check

Hamster brauchen keine Impfungen oder regelmäßige Vorsorgeuntersuchungen. Wenn du dir selbst nicht sicher bist, ob dein Hamster gesund ist, kann ein tierärztlicher Check-Up circa zwei Mal im Jahr nicht schaden.

Hamsterkundige Tierärzt:innen

Ein tiermedizinisches Studium ist sehr komplex. Angehende Veterinärmediziner:innen müssen eine Vielzahl von Tierarten, deren Anatomie, Ernährung, Stoffwechsel und Verträglichkeit von Medikamenten erlernen. Haustiere wie Hund und Katze werden täglich in tiermedizinischen Praxen vorgestellt und behandelt. Bei Exoten, Vögeln, Fischen und Hamstern sieht es anders aus. Für sie ist es ratsam, Expert:innen aufzusuchen, da viele Tierärzt:innen mit ihnen noch nicht ausreichend Erfahrung sammeln konnten. Im Fall Hamster tragen solche Expert:innen den Zusatztitel „für Kleinsäuger". Der Titel „für Kleintiere" meint dagegen in erster Linie Hunde und Katzen.

Wenn du dir nicht sicher bist, ob eine Praxis auf Hamster spezialisiert ist, ruf am besten an und frag nach. Gute Chancen hast du bei einer Tierklinik, denn dort arbeiten viele Tierärzt:innen mit unterschiedlichen Schwerpunkten. Im Internet gibt es zudem Listen von hamsterkundigen Tierärzt:innen. Die Links dazu findest du im Service-Teil dieses Buches.

Do!

Achte bei der Suche nach Tierärzt:innen auf den Zusatztitel „für Kleinsäuger".

Hamster transportieren

→ Ein Schuhkarton oder ein Eimer mit einem Deckel sind keine geeigneten Transportmittel für einen Hamster. Die Nagetiere können sich innerhalb kürzester Zeit aus einem Karton heraus nagen. Ein luftdicht verschlossener Eimer führt zu mangelnder Frischluft sowie angestauter Wärme und Feuchtigkeit. Im schlimmsten Fall kann dein Hamster dadurch noch kranker werden.

Transportbox

Zu einer guten Hamster-Ausstattung gehört daher auch eine Transportbox für Kleinsäuger. Sie sollte ungefähr die Grundfläche eines Din A4-Blattes haben, damit dein Hamster ausreichend Platz hat, um sich ein wenig zu bewegen. Die Luftlöcher sollten sich an der oberen Seite befinden, damit du die untere Hälfte mit Einstreu füllen kannst. Zudem sollte die Box undurchsichtig sein. So hat dein Hamster es dunkel und kann sich verbuddeln, um sich sicherer zu fühlen. Als Verstecke kommen für die Transportbox nur Heunester oder Papphäuschen infrage. Schwerere Gegenstände könnten den Hamster bei einer ruckartigen Bewegung einklemmen und verletzen.

Proviant

Als Reiseproviant kannst du deinem Hamster einen Löffel Trockenfutter und eine dicke Scheibe Gurke oder Zucchini mit in die Transportbox legen. So muss er unterwegs weder Hunger noch Durst leiden.

Wärmeregulation

Im Sommer gilt es, die Box vor direkter Sonneneinstrahlung und Hitze zu schützen, im Winter gegen Kälte und Zugluft. In allen Jahreszeiten bieten ein Thermokorb oder eine Thermotasche einen guten Schutz. Alternativ können auch eine Filztasche, ein Karton oder ein dickes Handtuch helfen. Eine Wärmflasche kann ebenfalls helfen, darf aber nicht zu warm sein. Eine gute Alternative dazu bieten Wärmepflaster aus Apotheke oder Drogeriemarkt. Sie lassen sich an die Außenseite der Transportbox kleben, spenden bis zu acht Stunden Wärme, aber überhitzen die Box nicht. Im Sommer kann ein Kühlakku Abhilfe verschaffen, der außen neben die Transportbox gelegt wird. Wichtig ist, dass immer nur eine Seite der Box gewärmt oder gekühlt wird, damit dein Hamster selbst entscheiden kann, ob er das Angebot annehmen möchte. Mit Ausnahme von dringenden Tierarztbesuchen, solltest du bei extremen Temperaturen vermeiden, mit deinem Hamster vor die Tür zu gehen.

Do!

Schütze die Transportbox vor Zugluft, Hitze und Kälte.

Ein Klopapieriglu ist das perfekte Versteck für die Transportbox. Auf Seite 52 findest du die Anleitung dazu.

Service

Weitere Infos für dich

Hamsterhilfen

Große Pflegestellen-Verbände für Hamster:

- Hamsterhilfe Südwest
- Hamsterhilfe NRW
- Hamsterrettung Nord
- Hamsterhilfe Mitteldeutschland
- Hamsterhilfe Mittelfranken
- Hamster in Not
- Hamster in Not Schweiz
- Hamsterhilfe Österreich

Übersicht aller Hamster-Pflegestellen in Deutschland, Österreich und der Schweiz: **www.hamsterhilfe.info**

Hilfreiche Links rund um den Hamster

Infoseiten

- www.hamsterinfo.ch
- www.diebrain.de
- www.hamsterbacken.com
- www.das-hamsterforum.de

Onlineshops für gesundes Futter und hamstergerechtes Zubehör

- www.futterparadies.de
- www.getzoo.de
- www.rodipet.de
- www.dorneko-design.de
- www.mixerama.de
- www.futterkraemerei.de
- www.hamster-wohnwelt.de
- www.lauras-hamstereinrichtungen.com
- www.hamster-thalhausen.de
- www.samtpfoetli-shop.ch

Hamsterkundige Tierärzt:innen

- www.dvg-kleinsaeuger.de
- www.das-hamsterforum.de

Wissenschaftliche Studien

Alexandra Bläske, Angela Schwarzer, Magdalena V. Ebner, Hendrikje Gerbig, Sven Reese, Michael Erhard & Anna-Caroline Wöhr (2022): Evaluation of small mammal pet supplies offered in German retail under animal welfare aspects, in: PLoS One 17(2).

Katarzyna Jobin, Natascha E. Stumpf & Christian Kurts (2020): A high-salted diet compromises antibacterial neutrophil responses through hormonal perturbation, in: Science Translational Medicine 12(536).

A. Beaulieu & Stéphan G. Reebs (2009): Effects of bedding material and running wheel surface on paw wounds in male and female Syrian hamsters, in: Laboratory Animals 43(1):85 - 90.

Esther Gerber, Sabine G. Gebhardt-Henrich, Evelyne M. Vonlanthen, Katerina Fischer, Andrina R. Hauzenberger & Andreas Steiger (2008): Housing influences research results and animal welfare in golden hamsters (mesocricetus auratus): the influence of size and structure of shelters on the behaviour, Nova Science Publishers.

Katerina Fischer, Sabine G. Gebhardt-Henrich & Andreas Steiger (2007): Behaviour of golden hamsters (Mesocricetus auratus) kept in four different cage sizes, in: Animal Welfare 16(1):85-93.

M. Lanteigne & Stéphan G. Reebs (2006): Preference for bedding material in Syrian hamsters, in: Laboratory Animals 40(4):410 - 418.

Yalcin Tekol (2006): Salt addiction: A different kind of drug addiction, in: Medical Hypotheses 67(5):1233-1234.

Andrina R. Hauzenberger, Sabine Gebhardt-Henrich & Andreas Steiger (2005): The influence of bedding depth on behaviour in golden hamsters (Mesocricetus auratus), in: Applied Animal Behaviour Science 100(3 - 4):280 - 294.

Sabine G. Gebhardt-Henrich, Evelyne M. Vonlanthen & Andreas Steiger (2005): How does the running wheel affect the behaviour and reproduction of golden hamsters kept as pets?, in: Applied Animal Behaviour Science 95(3 - 4):199 - 203.

Register

Bildnachweis

124 Farbfotos wurden von Anna Auerbach/Kosmos für dieses Buch aufgenommen.
Weitere Farbfotos von AdobeStock/santypan (2: S. 85 beide), Alina Bittner (4: S. 77 alle 4), Oliver Giel (11: S. 9, 16, 17 o., M.l., M.r., 64 u.r., 73 u.r. & u.l., 83 l.), Hanna Renkert (1: S. 42 M.), Maud Renner (1: S. 63 u.l.), Saskia Rößner (3: S. 35 (2), 63 u.r., 81), Christina Stranzinger (2: S. 42 o. & u.), Matthias Weiß (1: S.94).

Mit 24 Illustrationen von Hanna Wenzel/Kosmos.

Impressum

Umschlaggestaltung von GRAMISCI Editorialdesign/Stefanie Wawer unter Verwendung von 7 Farbfotos von Anna Auerbach/Kosmos und 5 Farbzeichnung(en) von Hanna Wenzel/Kosmos.

Mit 155 Farbfotos und 29 Farbzeichnungen.

Gedruckt auf chlorfrei gebleichtem Papier

ISBN 978-3-440-17854-6
Redaktion: Alice Rieger
Gestaltungskonzept: GRAMISCI Editorialdesign/Claudia Geffert, München
Gestaltung und Satz: Atelier Krohmer, Dettingen/Erms
Produktion: Angela List
Druck und Bindung: Westermann Druck, Zwickau
Printed in Germany / Imprimé en Allemagne

FSC www.fsc.org MIX Papier | Fördert gute Waldnutzung FSC® C110508